ESSAI
D'INTERPRÉTATION
DU
ZODIAQUE CIRCULAIRE
DE DENDERAH,

PAR H. S. LEPRINCE, SOUS-BIBLIOTHÉCAIRE
DE LA VILLE DE VERSAILLES,

Auteur d'une Notice sur l'Aurore Boréale, et d'une
réfutation du Traité d'Optique de Newton.

Per duodena regit mundi sol aureus astra
VIRG. *Georg.*.

A PARIS,
CHEZ PONTHIEU ET DELAUNAI, LIBRAIRES,
AU PALAIS-ROYAL.

1822.

Nota. En se servant de la gravure de Normant fils, le lecteur fera attention de ne point confondre les 12 numéros des douze signes avec les numéros de la série des figures qui sont à la circonférence.

ESSAI

D'INTERPRÉTATION

DU

ZODIAQUE CIRCULAIRE

DE DENDERAH (1).

Depuis long-temps le Zodiaque est l'objet de méditations profondes et de discussions intéressantes. Apporté de chez un peuple qui s'attribuait une haute sagesse et une ancienneté surprenante, il dut faire naître pour lui-même le préjugé d'une antique origine. Mais de tous les savants qui ont essayé de pénétrer le sens des figures allégoriques qu'il renferme, aucun n'a osé s'affranchir de l'autorité de Macrobe, aucun n'a tenté de renverser les deux bases du système d'interprétation que ce savant avait posées. Le Cancer et le Capricorne sont restés comme deux points fixes, comme deux limites entre lesquelles les diverses opinions ont depuis cherché à s'établir; et l'hypothèse la plus hardie ne doit son apparente solidité qu'au jugement universel qui a consacré ces deux bornes importantes.

Aujourd'hui qu'un précieux monument est venu ré-

(1) On peut suivre sur la petite gravure de Normand fils. Les corrections à faire seront indiquées.

veiller l'attention générale sur cette grande question qui, par de hautes considérations, semble se rattacher à des intérêts plus grands encore, on a vu reparaître les deux opinions principales qui avaient inégalement partagé le monde savant. L'une assigne au planisphère apporté de Denderah, comme aux autres monuments de la même espèce, une origine qui se perd dans la nuit des temps. L'autre, lui disputant une antiquité prodigieuse, rapporte sa construction à une époque plus voisine des temps où nous vivons. Cent vingt siècles forment l'intervalle qui sépare les deux systèmes. C'est autour de chacun d'eux que sont venus, en quelque sorte, se grouper ceux d'une moindre importance, en laissant comme isolé l'énorme espace intermédiaire.

Le petit nombre d'adeptes capables de résoudre un problème archéologique de cette nature, a paru faire pencher la balance vers l'opinion la plus extraordinaire, parce que la seconde, moins habilement défendue, semble ne devoir sa force qu'à l'influence du motif le plus estimable, mais le moins propre à persuader ceux qui auraient la prétention de passer pour savants.

Au moment de la plus grande chaleur d'une lutte aussi curieuse, si les vrais amis des sciences et des arts doivent un tribut d'éloges aux hommes remplis de zèle et de courage qui ont jugé leur patrie digne de posséder un tel monument, ils ne peuvent non plus refuser leur admiration à la conduite d'un roi sage et éclairé, bien digne lui-même de partager la gloire d'une telle acquisition : il a suffisamment montré dans cette circonstance l'étendue de ses lumières et sa profonde connaissance de l'esprit humain.

C'est l'intérêt toujours croissant que ce curieux morceau paraît inspirer, qui m'a déterminé à mettre actuellement au jour une opinion qui s'écarte un peu des formes de toutes celles qui l'ont précédée. Je la réservais comme annexe à la publication plus éloignée d'une proposition d'astronomie physique avec laquelle elle a un rapport immédiat; mais l'espèce de fluctuation dans laquelle se trouve encore le jugement du plus grand nombre, m'a donné la tentation de proposer une solution qui renferme quelques nouveautés. Son principal avantage, celui qu'on ne pourra pas lui disputer, c'est la facilité avec laquelle la majeure partie des figures du tableau y reçoivent un sens précis. Cependant lorsque je livre au public le fruit de mes recherches, je désire qu'il soit persuadé que, dans aucun cas et dans aucun temps, je n'aurai la prétention de lui imposer mes idées; et qu'ici, je le fais seulement juge du degré de certitude auquel mes raisonnements et mes preuves peuvent élever les objets de ma propre couviction. J'espère néanmoins qu'il apercevra toutes les précautions que j'ai prises pour, sinon mériter ses suffrages, au moins éviter les justes reproches qu'il a droit d'adresser aux auteurs qui semblent se faire à eux-mêmes leur part dans son opinion. Mon premier soin, celui que j'ai regardé comme étant le plus propre à m'attirer son indulgence, a été de me donner le moins de latitude possible, et de n'altérer en rien les dessins des figures qui entrent dans la composition du planisphère. Je me suis fait un scrupule d'en conserver les attributs dans leur plus frappante apparence; étant convaincu que si un emblème pouvait avoir été mis à la place d'un autre emblème, ce n'était pas comme symbole, mais comme signe représentatif seulement. Il n'entre, je crois, dans l'essence d'aucune imagination, à laquelle le langage figuré est devenu un besoin, de voiler ses conceptions sous une double allégorie Quelques écrivains n'ont pas pensé ainsi, et j'ai cru trouver la cause de l'incertitude presque universelle en cette circonstance, dans la liberté qu'ils se sont donnée de dénaturer tout ce qui ne cadrait pas avec les propositions principales de leurs systèmes. J'ai donc imaginé que ce serait une chose utile que d'appeler l'attention générale sur cette disposition et ses conséquences.

Tous les objets ont entre eux des rapports prochains ou éloignés; leur réunion la plus arbitraire peut former un sens complet, si l'on sait choisir ceux des rapports qui conviennent le mieux à l'idée fondamentale qu'on s'est proposée. Or, de la multiplicité de ces mêmes rapports que les objets soutiennent entre eux, il devra résulter que l'interprétation de cette nouvelle écriture hiéroglyphique dépendra vraisemblablement de la tournure d'imagination de celui qui s'en empare; et croyant avoir traduit une pensée étrangère, celui-ci aura peut-être seulement créé, au moyen des notions vraies ou fausses qui lui sont propres, une pensée absolument indigène. Que serait-ce, s'il se croyait autorisé à réformer à son gré les signes dont il recherche l'expression?

Bien déterminé à ne voir dans les figures du planisphère que ce que les yeux les moins exercés pourraient y reconnaître, je me suis mis dans la nécessité de me taire, ou de dire peu de choses, sur un petit nombre de personnages dont les attributs ne m'étaient pas assez familiers, ou qui, désignés par ceux qui m'ont précédé, m'ont paru n'être pas une représentation assez fidèle des objets indiqués. (Je ne réponds pas, cependant, d'avoir toujours saisi avec facilité leur constitution allégorique, et je ne refuse pas de croire que l'idée de leur disparate ne me soit venue du défaut d'intelligence de ces signes.) Ainsi, quoique je sois parvenu à leur assigner à presque tous un sens analogique, il reste peut-être encore quelque chose à faire à ceux qui seraient ou ne seraient pas de mon avis.

La première précaution que doivent prendre ceux qui entreprennent d'expliquer les monuments d'un peuple qui n'est plus, ou qui n'est plus ce qu'il était, c'est de tâcher de ne point lui prêter plus de connaissances que celles qu'il pouvait avoir, et de ne point perdre de vue celles que les localités pouvaient lui faire acquérir les premières ; car, au moins, en suivant ainsi la marche de la nature, si nous risquons d'enlever à ce peuple une partie de ses erreurs, ce ne sera que celles qu'il ne devait pas commettre. Il est vrai que des monuments qu'on supposerait avoir été construits dans un temps où ce peuple aurait eu déjà une masse considérable de connaissances acquises, ne devraient peut-être pas être jugés comme ceux qui auraient suivi de quelques siècles seulement les premiers moments remarquables de son existence en corps de nation ; mais, l'état de la question de l'antiquité des zodiaques égyptiens montrant celle-ci intimement liée à celle d'un zodiaque primitif, on peut, sans aucune pétition de principe, les envisager comme des constructions qui ne dérogent que fort peu aux lois ordinaires de la progression et du développement des connaissances humaines.

Les réflexions précédentes, toutes simples qu'elles sont, ne paraissent cependant pas s'être présentées à l'esprit de la plupart des savants, comme il sera facile d'en juger par l'examen des instructions préliminaires qui précèdent les systèmes les plus remarquables, émis sur le planisphère circulaire de Denderah. On y trouvera certaines données qui s'écartent de celles que les Égyptiens ont dû recevoir de la nature même, et qui, pour cela, me paraissent autant d'erreurs graves, plus propres à multiplier les raisons d'incertitude qu'à jeter quelque lumière sur le véritable but d'une construction à laquelle les uns supposent beaucoup d'exactitude, et les autres beaucoup d'incorrections.

L'habitude qu'ont les savants de voir, dans les diverses représentations stéréographiques de la sphère, l'indication de l'un ou l'autre des deux pôles, leur a fait supposer à tous que l'intention du sculpteur égyptien avait été de représenter, vers le milieu de la pierre que nous voyons au Musée, le pôle, et les constellations septentrionales. M. Visconti, qu'on distingue à la tête des partisans de la jeunesse de ce monument, est le premier, dit-on, qui songea qu'il devait être une projection, dont le pôle de l'équateur occupait le centre. Le célèbre Dupuis lui-même, le coryphée de l'opinion contraire, doit être également parti de la même supposition. En effet, à l'occasion de l'apparition de ce zodiaque circulaire, on a vu un petit extrait tiré du grand ouvrage de l'Origine des Cultes, sous le titre de Dissertation sur le Zodiaque de Denderah. Il n'est pas du tout question, il est vrai, dans cette brochure, du monument que les curieux ont été voir en foule; il n'y est fait mention que d'un zodiaque en bandes rectangulaires qui décorent encore les sofites du portique du fameux temple de Tentyris. Mais le sincronisme de ces deux morceaux appartenant au même édifice n'est pas contesté par l'auteur; les mêmes figures s'observent dans le planisphère et les deux rectangles; l'ensemble et les dispositions relatives des figures principales n'offrent aucune différence essentielle : je suis donc autorisé à croire que beaucoup de points de la dissertation dont je parle peuvent se rapporter à l'un comme à l'autre, et que l'auteur a partagé, sur la question du pôle, l'opinion qu'ont manifestée tous ceux qui ont écrit jusqu'ici sur le même sujet.

M. Dupuis prévient le lecteur qu'il doit, en se servant d'un globe céleste élevé à une latitude égale à celle de

Denderah, se placer au midi du globe, la face tournée vers le nord.

Il me semble que ce savant n'a pu découvrir, dans la structure, ni dans la composition de l'un ou l'autre zodiaque, aucun caractère propre à prescrire à l'observateur une situation si contraire à celle qu'ont dû tenir les inventeurs, et qu'ils ont dû conserver durant un laps de temps assez considérable pour compléter leurs investigations. Malgré quelques opposants, il est aujourd'hui assez généralement reconnu que ce n'est pas à l'oisiveté des pasteurs chaldéens que nous devons ràpporter l'origine des constellations de nos sphères. Ce précieux enfant du besoin ne fut point le fruit d'une étude purement spéculative. L'impérieuse nécessité qui guida les observations des premiers Égyptiens, dirigea leurs regards vers l'hémisphère austral, que le soleil n'avait jamais quitté pour eux, et qui leur offrait les plus importants phénomènes des révolutions célestes. C'est seulement en se tournant vers le midi qu'ils pouvaient observer la succession des levers et des couchers des constellations renfermées dans le zodiaque; et puisque les constellations extrazodiacales placées dans un rang inférieur, par rapport à leur utilité, paraissent incontestablement subordonnés aux premières, je ne vois pas pourquoi les Égyptiens auraient négligé les constellations les plus voisines de celles qui forment la base de leur système allégorique, pour donner la préférence à d'autres, moins susceptibles de leur fournir les indications précises dont ils avaient besoin. Il y avait au nord, pour le lieu même le plus méridional de la Haute-Égypte, une étendue de près de 48 degrés, renfermant des constellations qui ne se couchaient pas, c'est-à-dire 48°, dont la circulation n'offrait rien d'utile à des hommes vraisemblablement dépourvus alors des instruments propres à prendre les hauteurs. Il est donc naturel de présumer qu'ils ont observé la face tournée vers le midi, parce qu'il leur était plus avantageux de le faire, et qu'ils ont ensuite représenté les constellations comme ils les avaient observées.

Ainsi le monument que nous avons appelé jusqu'ici assez improprement un planisphère, n'est sans doute pas la projection d'aucune section complète de la sphère céleste, mais une espèce de tableau représentant les constellations dans l'ordre de leurs levers ou couchers, en raison de la coïncidence de ceux-ci avec certaines époques, avec le retour de certains phénomènes importants à prévoir, comme l'étaient les diverses phases de la crue et de la retraite du Nil.

Ce point essentiel une fois admis, il ne faudrait plus s'attendre à trouver dans l'espace circonscrit au centre par les douze signes, ni le pôle de l'écliptique, ni le pôle de l'équateur, ni les constellations polaires dont l'observation ne pouvait offrir tout au plus qu'un médiocre intérêt. Notre Zodiaque égyptien ne serait plus un monument théorique d'astronomie ; ce serait une espèce de calendrier agronomique, où les savants qui s'efforçaient de trouver les différents astérismes de la sphère d'Eudoxe, ne s'étonneront plus de rencontrer des figures allégoriques dépourvues des attributs propres aux constellations dont elles semblaient occuper la place.

Considéré sous ce point de vue, la composition du monument n'offrirait plus, sous un certain rapport, l'exactitude qu'on y a long-temps cherchée; mais il présenterait, sous un autre, dans toutes ses parties, une exactitude d'une autre espèce, et mieux adaptée aux principes qui présidèrent à son origine.

Toutes les objections qui ont été faites contre lui jusqu'ici, trouveraient leurs solutions; et son ordonnance, rapportée à une collection d'idées simples et naturelles, ne ferait pas supposer à ses auteurs ni plus ni moins de connaissances qu'ils pouvaient en avoir.

C'est au reste, dans cette hypothèse, que je me propose de l'examiner ; et comme, en m'écartant de la route commune, je prends en quelque sorte l'engagement d'applanir, dans la nouvelle que je prétends frayer, toutes les difficultés qui se rencontrent dans l'ancienne, je suivrai de même dans sa description une autre marche que celle de mes prédécesseurs. L'ordre dans lequel je vais procéder ne paraîtra peut-être pas très-régulier, mais c'est celui qui s'est machinalement offert à moi, et qui m'a servi lorsque j'ai cherché à me reconnaître dans cette multitude de figures rassemblées dans un si petit espace.

Si l'observateur néglige un moment les groupes qui sont au centre, et s'il s'attache préliminairement à reconnaître les douze signes du Zodiaque, il parviendra bientôt à distinguer parfaitement trois séries particulières d'emblèmes, dont l'admirable correspondance paraît avoir été observée à dessein, pour lever toute incertitude, et fixer avec précision le sens faiblement voilé sous chacun d'eux.

On a prétendu que les douze signes qui forment la série la plus remarquable, étaient distribués sur une spirale, dont le Lion tenait l'extrémité la plus éloignée du centre de révolution, et le Cancer l'extrémité rentrante, au-dessus de la tête du premier.

Je ne prétends pas combattre absolument cette proposition, d'autant plus que le cours du soleil, dans une ligne spirale, n'est pas une idée étrangère à l'antiquité, et qu'il n'est pas impossible que ce préjugé n'ait eu son influence dans cette construction. Mais comme on s'est fondé sur ce point pour établir, dans le Lion, le colure de solstices, je crois devoir faire observer qu'à la seule inspection d'un globe céleste, on peut facilement reconnaître que ces deux astérismes sont placés, l'un à l'égard de l'autre, précisément de la même manière que dans le Zodiaque circulaire de Denderah, c'est-à-dire que le Lion est au nord, et le Cancer bien plus au midi, presque sous la tête du Lion.

Il existe, cependant, une différence apparente : dans le bas-relief égyptien, les signes sont renversés : les pieds des figures sont tournés vers la circonférence et la tête vers le centre. C'est, vraisemblement, cette situation qui induisit en erreur ceux qui crurent y trouver un véritable planisphère ; mais, dans mon hypothèse, il faut peu d'attention pour appercevoir que cette disposition était rigoureusement indispensable, comme étant assujettie à des règles d'architecture et de goût qui ne pouvaient être éludées. Ce n'eût été qu'en vertu de raisons bien puissantes, que le sculpteur aurait pu se décider à troubler l'harmonie qui devait présider, non-seulement à la disposition des parties du morceau, mais à celle de toutes les parties de l'appartement du Zodiaque, où l'on voit une foule d'autres sujets du même genre.

Il eût fallu retourner toutes les figures des trois séries, puisqu'elles paraissent former un ensemble et sont co-ordonnées sur un même système.

Il eût fallu (l'idée est presque bouffonne), il eût fallu retourner aussi tous les autres personnages des dessins qui couvrent les murs depuis le haut jusqu'en-bas, afin que la pièce du plafond ne parût pas isolée et ne nuisît pas au coup d'œil de l'ensemble général. Combien d'autres raisons ne pourrait-on pas donner encore !

Au lieu d'être placé sous la tête du Lion, comme dans la sphère d'Eudoxe, le Cancer est donc au-dessus. Mais leur position relative est parfaitement observée, puisque le Cancer est au midi, et la tête du Lion au nord.

Je dirai à cette occasion, pour infirmer d'avance les preuves que cette situation des douze signes pourrait encore fournir en faveur du planisphère, que MM. J.... et D... se sont trompés lorsque, dans leur description des antiquités de Denderah, insérée au Grand Voyage d'Égypte, ils ont insinué que l'espace circonscrit au centre était spécialement destiné aux constellations septentrionales, et que les constellations méridionales ne se trouvaient que hors de cette enceinte. Plusieurs de leurs collaborateurs ont parfaitement reconnu, hors du premier cercle, l'aigle ou le vautour, la flèche et le bouvier qui sont assurément dans l'hémisphère septentrional.

Je le répète, cependant je ne prétends pas décider que l'intention qui a dirigé cette construction n'ait pas été de représenter le Lion comme le premier des signes, ou comme celui qui conduisait le cortége. Placé près du Cancer, il était effectivement le premier qui rouvrait la marche après la station qui s'était opérée au solstice ; et l'on ne peut objecter que le Cancer, indiquant la marche rétrograde du soleil, c'était lui qui devait remplir cette fonction ; car si le colure solsticial passait par le milieu de la figure du Cancer, comme sa situation toute particulière semblerait l'indiquer, le soleil devait continuer de monter dans les premiers degrés, et devait descendre dans les derniers. Or, ce phénomène est ici, ce me semble, admirablement bien indiqué.

Dans son caractère symbolique, tout le monde a reconnu le retour du soleil vers l'un des deux hémisphères ; et sa déclinaison vers le midi ne laisse pas douter que ce ne soit vers l'hémisphère austral. En outre, la route que le soleil achève vers le nord est également exprimée par le soin qu'on a pris de dessiner le Cancer à la suite des Gémeaux, se traînant comme le ferait l'animal qui en a fourni le symbole, c'est-à-dire à reculons.

PREMIÈRE SÉRIE.

Le Lion sera donc le premier des signes : il s'avance de l'orient à l'occident, portant sur son dos une petite figure assise et dont le siége se renverse; un long serpent, dont la tête s'élève et dépasse un peu la sienne, est étendu sous ses pieds, et, prolongeant sa queue jusqu'au dessous de celle du Lion, il porte en cet endroit un oiseau ressemblant ou à un corbeau ou à un pigeon; immédiatement au-dessus, l'extrémité de la queue du Lion, recourbée, supporte une femme qui se maintient debout, en retenant dans ses deux mains cette même queue à sa naissance.

Les astronomes ont cru reconnaître dans ce groupe l'hydre de nos sphères, étendue, comme le serpent, sous les pieds du lion ; le corbeau figuré par l'oiseau, et la coupe représentée par la femme montée sur la queue du Lion : cela pourrait être, car le mot Κρατερος qu'on a traduit par *cratera*, coupe, veut dire : *robore potens*.

La Vierge vient après : on la reconnaît aisément à l'épi qu'elle porte (les copistes qui ont représenté cette femme les pieds joints, ont commis selon moi une erreur grave). Un homme la suit, sa tête surmontée d'un croissant est celle d'un bœuf; il tient dans la main gauche un bâton à tête de huppe et terminé par le bas en croissant. Au-dessus de ce bâton qui se remarque fréquemment dans les emblèmes égyptiens, on voit une vache sous un épervier. Ces deux figures sont d'une petite dimension, et le personnage avec lequel elles paraissent faire groupe, est assez généralement connu sous le nom de Bouvier d'Isis.

Le troisième signe est la Balance: elle précède le Scorpion, et celui-ci précède le Sagittaire, représenté par un monstre ailé, moitié homme, moitié taureau, avec une queue de scorpion et deux têtes dont nous parlerons ailleurs; il a les pieds de devant, seulement, dans une espèce de barque.

Le Capricorne paraît ensuite : il est couché, mais au port de sa tête et à la tension de sa patte, il paraît près de se lever. Il a sur le dos un homme à tête d'épervier, présentant le bâton dont nous avons déjà parlé, perpendiculairement sur le point où l'animal se transforme en poisson.

Le Verseau, représenté par un homme en marche, incline de chaque main un vase d'où l'on voit couler de l'eau. Après lui, vient un homme à deux faces et armé du bâton.

Les deux Poissons qui paraissent ensuite sont unis par deux traits, s'allongeant sous le Bélier jusqu'à un personnage à tête d'animal où ils forment un angle. Entre les Poissons on observe un grand parallélogramme, rempli de traits brisés qui représentent de l'eau.

Le Bélier succède, mais il est couché dans un sens opposé, c'est-à-dire tourné vers l'orient, seulement, il regarde en arrière.

Le Taureau, que les Égyptiens nommaient le Bœuf, vient après le Bélier, d'orient en occident comme les dix autres signes; il tourne la tête vers l'orient et présente ainsi, vers l'occident, la concavité de ses cornes, qui forment ensemble un croissant. Il paraît animé et s'élance vers le nord, c'est-à-dire hors du cercle de cette première série, dans la partie qui, dans mon hypothèse, serait l'hémisphère boréal.

Les Gémeaux qu'on a cru reconnaître dans un groupe représentant un jeune homme tenant par la main et conduisant après lui une jeune femme, sont précédés d'un personnage dont la tête coiffée à l'égyptienne est surmontée de deux palmes. Il porte à la main un instrument que je n'ai pu reconnaître. Derrière la femme, et un peu plus bas, est un autre personnage à tête d'épervier, surmontée d'un disque au milieu de deux cornes de vache; il porte le bâton augural accoutumé.

Enfin, on voit le Cancer situé, comme nous l'avons déjà dit, un peu au-dessus de la tête du Lion.

L'espace enfermé par les douze constellations que nous venons d'indiquer est occupé par un assez grand nombre de figures, dont la plus remarquable est un très-gros animal surnommé typhonien par quelques-uns, et que plusieurs savants ont regardé comme un hippopotame. Ceux qui ont cru voir ici les constellations du pôle le prennent pour la Grande-Ourse. Ce monstre est debout au-dessus du Bouvier, qui suit la Vierge, et d'un des plateaux de la Balance; il tient un grand instrument tranchant dans ses mains.

Sur le milieu du fléau de la balance, est un disque renfermant une femme assise sur un trône à pieds de lion. Elle fait de la main gauche un geste appellatif. Au-dessus de ce cercle, est un animal ressemblant à un chacal, et encore au-dessus une figure coiffée à l'égyptienne, assise sur un trône semblable au précédent, et présentant ses deux bras en avant la paume des mains, tournée en haut.

Au-dessus du Scorpion, est un homme assis sur un siége dans une barque; il a un masque d'épervier avec un disque traversé d'un serpent ou d'une couleuvre sur la tête; il porte en outre un bâton augural à la main.

Au-dessus de la tête du Capricorne et de la croupe du Sagittaire, on voit un homme en marche, tenant un bâton sans tête d'épervier, plus court que le bâton augural et auquel on remarque quelques moulures, qui semblent lui donner un caractère particulier.

Après cet homme, sont disposés sur une même ligne perpendiculaire, un vautour, un ibis et une étoile, qui se trouvent ainsi au-dessus du bâton de l'homme monté sur le Capricorne.

Au-dessus du Verseau se trouvent, 1° un corps de gazelle sans tête, 2° une autre gazelle placée au-dessus de la première, et retenue par un homme, qui semble la tirer à lui par un lien qu'elle aurait au col.

Auprès de celui des deux Poissons qui est le plus voisin du centre, on voit un disque dans lequel est un œil. Le bord oriental de ce disque touche une longue queue, qui ressemble beaucoup, quoique plus longue, à celle du Belier, placé dessous, et qui se prolonge entre cet animal et les Poissons. Cette queue appartient à une figure semblable à l'hippopotame dont nous avons déjà parlé : ici l'animal, accroupi, porte un épervier sur sa tête, et est accolé dos-à-dos avec une espèce de chèvre.

Au-dessus de ce groupe, se trouve le quartier de derrière d'un bœuf, sur lequel est couché un petit belier. On remarque également un chacal sur une charrue égyptienne. Les dessinateurs ont oublié la traverse qui aurait pu servir à fixer l'opinion des savants sur cet attribut, et pourtant ce trait est bien visible sur la pierre.

Enfin, au-dessus de la tête de la femme montée sur la queue du Lion, on remarque un homme armé du bâton augural; il a sur la tête une étoile aussi bien que l'homme à deux têtes qui suit le Verseau.

DEUXIÈME SÉRIE.

Des treize figures composant cette deuxième série, huit, qui se suivent sans intervalle, paraissent former ensemble une période, tandis que les cinq autres, placées à l'occident des premières, sont dispersées en trois groupes assez distants entre eux et qui semblent offrir autant d'emblèmes isolés. Je commencerai néanmoins par celles-ci en raison de la situation relative de toutes les figures qui se dirigent d'orient en occident. Je leur assignerai des lettres de rappel pour le moment où elles seront interprétées.

Sous les Poissons est un disque (*a*), renfermant une femme qui tient un cochon par les pattes de derrière.

Sous le Bélier, on voit deux personnages, armés chacun d'un bâton augural, qu'ils tiennent à deux mains. Le premier (*b*), auprès duquel se trouve l'angle des deux traits qui attachent les Poissons, a une tête d'hippopotame. Il est revêtu d'une longue robe, ainsi que le second personnage (*c*), qui marche à sa suite.

Sous les pieds de derrière du Bœuf, autrement du Taureau, est un homme (d) en marche. Il porte en avant, et de la main gauche, le bâton augural; sur l'épaule droite repose un instrument angulaire, dont l'extrémité de l'une des deux branches est dans sa main droite, rapprochée sur sa poitrine. L'autre branche descend le long du bras droit; les savants, qui ont cru reconnaître ici un fléau à battre le grain, n'ont pas fait attention qu'on n'appercevait vers l'angle aucune espèce de flexibilité, et que, d'ailleurs, ils prêtaient aux Égyptiens un instrument dont ils ne faisaient pas usage. C'étaient des bœufs, ou, selon Hérodote, des porcs, qu'on employait pour faire sortir le grain de son épi, en le leur faisant fouler aux pieds. Je crois que c'est plutôt le sceptre aratriforme qu'on remarque fréquemment, porté de la même manière dans les bas-reliefs égyptiens; cet attribut, répété trois fois dans celui qui nous occupe, est une fois accompagné du crochet qu'on voit très-souvent entre les mains des figures qui portent le sceptre aratriforme.

Ce personnage est suivi d'une huppe, dernière des cinq figures isolées.

Les huit autres figures commencent par un vautour (e) monté sur une colonne et placé sous la femme des Gémeaux.

Immédiatement après est une Isis sous la forme d'une vache (f), couchée dans une barque, et portant au col une petite croix suspendue à un collier. Elle a une étoile entre les cornes, et sa tête est sous le Cancer.

A la suite, et sous les pattes de devant du Lion, est une femme droite (g) armée d'un arc avec sa flèche, qu'elle va décocher ; ses pieds sont réunis.

Sous la croupe du Lion, et après cette femme, est une autre femme (h), assise sur un trône à pieds de lion, et portant dans chaque main une espèce de canope, ou vase, surmonté d'une croix.

Sous l'oiseau qu'on voit à l'extrémité de la queue de l'Hydre est encore une femme assise, sur un trône à pied de lion (i) ; elle porte dans sa main gauche une petite figure, et fait de la main droite un geste très-pathétique.

La figure qui suit est (j) ce même bouvier d'Isis, dont on aperçoit au-dessus une autre représentation entre la Vierge et la Balance. Ici, au lieu du bâton, il tient une charrue égyptienne.

Après, on voit un lion (k), qui semble tourner la tête avec colère. Il est assis sous la Balance, et pose ses pieds de devant, qu'il tient droits, sur un grand parallélogramme sillonné de traits brisés comme dans le parallélogramme des deux poissons.

La treizième et dernière figure (l) de cette série est un personnage composé : homme par le haut et lion par le bas ; il a une queue de scorpion, c'est-à-dire une queue longue, nouée ou formée de six ou sept petits boutons oblongs, attachés bout à bout. Ce monstre exprime la crainte, et paraît appréhender que le lion qui précède ne se relève et vienne sur lui : il est debout sous le dernier bassin de la Balance.

TROISIÈME SÉRIE.

La troisième série renferme trente-six figures distribuées sur une zone parfaitement circulaire et limitée aux pieds des personnages par une circonférence qui a pour centre celui du monument.

Près de la tête des figures de cette série, on remarque des caractères hyérogliphiques, et aux pieds du plus grand nombre, plusieurs étoiles rangées dans un certain ordre.

Je commencerai par le premier des deux personnages qui se trouvent sous le Capricorne, où tout le monde est déjà accoutumé de voir une division naturelle.

1° Sous les pattes du Capricorne, on voit un personnage à tête d'épervier ; il est vêtu d'une longue robe blanche qui commence au-dessous du sein, et il se fait suivre par un petit bélier dont la tête est surmontée d'un disque, au milieu de deux feuilles légèrement spyroidales, ressemblant aux feuilles du dourah, espèce de blé autrefois très-commun et très-productif en Egypte. On le nomme aussi sorgho, et ses feuilles sont comme ici étroites et tournées en arc. Le maïs, qui est aussi une espèce de dourah, porte également des feuilles semblables.

2° Le personnage qui suit est un homme à tête d'Isis, surmontée de deux feuilles de dourah, et d'un autre attribut. Je pense que ce dernier n'est autre chose qu'un bouton du nymphea lotus. En effet, au-dessus de la tête du Sagittaire, on voit un attribut que tous les savans prennent pour une fleur de cette plante si précieuse à l'ancienne Egypte ; au-dessus de la tête d'un grand serpent à tête d'Ibis, couché sur un grand parallelogramme qui appartient à cette troisième série, on pourra reconnaître une fleur semblable ; or, si l'on en supprime les deux pétales latérales, la figure qui reste est évidemment la même que celle qui orne la tête de mon second personnage, et que j'appelle bouton de lotus.

3° Derrière est un grand médaillon renfermant plusieurs petites figures placées sur deux rangs, agenouillées, et les mains liées derrière le dos.

4° Ensuite vient un cygne.

5° Un bélier marche après. Il paraît plein de vigueur et propre à faire naître les plus justes espérances. Sur sa tête on voit les deux feuilles de dourah supportant un disque.

6° Un homme à tête de chacal.

7° Un homme coiffé à l'égyptienne, et qui laisse échapper, ou plutôt fait échapper d'une cage une espèce de pigeon.

8° Deux couples de têtes de bélier enchassées sur une espèce d'autel, et surmontées des deux feuilles de dourah et du disque.

9° On voit assis un homme sans bras et sans tête ; à la place de cette dernière sont deux feuilles de dourah.

10° Un homme à tête d'épervier ou gypsocephale (γυψ vautour.)

11° Un enfant accroupi sur une fleur de lotus épanouie. Il met un doigt sur sa bouche, et porte, appuyé contre l'épaule droite, le sceptre aratriforme dont j'ai déjà parlé (d) dans la deuxième série.

12° Un bloc quadrangulaire surmonté de quatre *ubœus* ou figures de couleuvres à tête d'hommes.

13° Une très-grande tête de bélier avec un long col, dressée sur un bateau, et surmontée de l'attribut accoutumé qu'on voit aux numéros 1, 5 et 8.

14° Une femme agenouillée ayant sur sa tête trois couleuvres.

15° Un cochon.

16° et 17° Deux hommes sans aucun attribut.

18° Un grand parallelograme sur lequel repose un long serpent dont la tête d'Ibis est surmontée des deux feuilles du dourah, d'une petite couleuvre et d'une fleur de lotus près de s'épanouir, ou peut-être fermée au moment où les pétales vont se détacher et laisser à découvert le fruit ou la coque qui retient les graines.

19° et 20° Deux hommes à tête d'épervier, sans attribut.

21° Un homme dont la tête est ornée d'un attribut que je n'ai pu définir.

22° Un homme à tête d'épervier, avec l'attribut précédent.

23° Un personnage revêtu d'une longue robe, coiffé à l'égyptienne, et portant sur sa tête deux espèces de palmes.

24° Un homme à tête d'épervier, avec le bouton de lotus.

25° Un homme avec les deux feuilles de dourah et la fleur du lotus, comme au n° 18.

26° Un homme à tête d'épervier, avec les deux feuilles et un disque, au milieu duquel on remarque une petite couleuvre.

27° Un homme avec un disque et la couleuvre.

28° Un homme avec un attribut à-peu-près semblable à celui des n°s 21 et 22.

29° Un gypsocéphale avec un disque.

30° Un harpocrate. C'est un personnage solipède, portant de la main droite le sceptre aratriforme, à la manière accoutumée, un crochet dans l'autre main, et sur la tête une fleur de lotus.

31° Un autel surmonté d'une tête de bélier sans cornes, avec l'attribut ordinaire 1, 5, 8, 13.

32° Une figure typhonienne ou l'hippopotame accroupie dans une barque. Sa tête est ornée d'une grosse étoile à six pointes, dont quatre sont horizontales.

33° Un homme à téte de chacal.

34° Un homme avec les deux feuilles, la petite couleuvre et la fleur de lotus, comme au n° 18.

35° Un gypsocéphale sans attribut.

36° Un homme dont la tête est remplacée par un disque.

Le grand cercle, où se trouvent ainsi distribuées toutes ces différentes figures, est supporté par quatre groupes de deux hommes agenouillés et à tête d'épervier; ils sont placés à angles droits. Au milieu de chaque intervalle d'un groupe à l'autre, une femme debout soutient également le médaillon. Le long des jambes de chacune de ces femmes, on voit un grand nombre de caractères hyérogliphiques sur plusieurs lignes verticales.

On voit encore une zone circulaire, large à-peu-près de trois décimètres, décrite et interrompue à la ceinture de ces grandes figures.

Dans l'intervalle compris entre cette dernière bande et le grand cercle concentrique qui renferme toutes les figures, on remarque d'abord deux emblêmes dont l'un est un bouton de lotus enchassé dans un support d'une forme particulière et correspond directement aux pieds de derrière du taureau; l'autre, qui à la forme d'une palme élevée au milieu d'une pièce qui ressemble au dessus d'un tombeau, est placé sous le scorpion, vers le commencement de la queue, et également au-dessous du n° 37 de la troisième série où l'on voit une tête de bélier sans corne sur un autel.

Il y a encore dans le même intervalle, deux légendes hyérogliphyques enfermées chacune entre deux traits parallèles. L'une se dirige à-peu-près vers le cancer et la tête de la vache couchée dans une barque; l'autre est sous le capricorne, et sa direction passe par le point de sa métamorphose en poisson.

Telle est l'ordonnance du tableau que tout le monde a regardé jusqu'ici comme un planisphère, et qu'on a cru destiné, par les prêtres égyptiens, à constater l'état de leurs connaissances en astronomie. Si les uns, sans beaucoup de fondement, y ont cru voir le résultat de longues observations et d'une science profonde acquise dans un laps de temps considérable; d'autres donnant dans un excès contraire, l'ont considéré comme le fruit d'une superstition grossière, ou même, comme le caprice d'un art pauvre encore dans son enfance. Il a comme on voit servi de texte pour exalter et déprécier le mérite de ses compositeurs, et ce qu'il me paraît avoir le mieux prouvé, c'est que le même objet peut faire naître les opinions les plus opposées.

A l'égard de sa constitution allégorique, on n'a guère fait, jusqu'aprésent, que renouveler, sans beaucoup de succès, l'explication donnée par l'abbé Pluche, sur les figures du zodiaque, et l'adapter à la disposition particulière de la Haute-Égypte. Assurément, l'auteur de l'histoire du ciel eût été bien surpris de voir ses idées servir à un système dont la conclusion, bien différente de la sienne, tend à faire croire que le zodiaque que nous avons reçu des anciens, pourrait bien avoir une origine égyptienne.

Cette proposition est peut-être susceptible d'acquérir une évidence assez frappante, mais la plupart de ceux qui ont essayé de la mettre sous le jour le plus favorable, n'ont pas aussi bien réussi que Pluche, à trouver des vraisemblances : le seul qui soit parvenu à dire, à cet égard, quelque chose de raisonnable et véritablement analogue aux divers accidents de la constitution physique de la terre du Nil, est parti d'une supposition tout-à-fait inadmissible.

Il me semble que pour soutenir, avec quelqu'avantage, que la sphère qu'Eudoxe a rapporté d'Égypte doit-être attribuée au peuple qui cultivait alors cette intéressante contrée. Le moyen serait dimiter l'abbé Pluche, c'est-à-dire, de démontrer que la composition du zodiaque grec ne convient pas à son système. Et c'est ce qui deviendra facile lorsqu'on aura restitué (comme on ne peut se dispenser de le faire) les anciens signes tels que le monument de Denderah nous les représente.

Ainsi, 1° la partie inférieure du corps du sagittaire redeviendra le taureau égyptien, par la seule réforme de la queue, puisque les dessinateurs qui ont tracé les figures des sphères grecques, ont conservé les pieds fourchus au sagittaire et n'ont fait que remplacer la queue du scorpion par une autre de cheval; ignorant sans doute le sens allégorique de cet emblême; ils ont pensé que cette dernière queue convenait mieux à la monture d'un chasseur désigné à leurs yeux par l'arc et la flèche dont il est armé.

2° Les gémaux ou dioscures, que Pluche regarde comme une invention grecque et que le savant ne fait pas scrupule de remplacer par un symbole tiré de la sphère persique; ces gémeaux peuvent à plus juste titre rester, comme au zodiaque égyptien, sous la figure des deux jeunes gens que nous avons décrit. Je dois faire observer à cette occasion que les savants qui se sont fondés sur une espèce de synonimie pour assimiler les zodiaques des différents peuples et leur donner une même origine, se sont donnés beaucoup trop de latitude, en ce qu'il ne peut être surprenant que des hommes placés dans des circonstances à-peu-près semblables, puissent trouver des choses analogues; et que, d'ailleurs, dans la supposition où les zodiaques des peuples orientaux auraient une même institution avec le zodiaque égyptien, il faudrait encore donner raison de la différence des emblêmes, ce que personne n'a fait et ce qui, à mon avis, est néanmoins un point essentiel.

Au moyen des deux légers changemens que nous venons d'indiquer, changemens qui sont, je crois suffisamment justifiés; on conviendra que la chasse aux bêtes féroces, serait assez singulièrement désignée par un homme monté sur un taureau ailé et à queue de scorpion.

On trouvera l'époque de la fécondité des chèvres aussi bisarrement déterminée par l'union de deux jeunes époux; et avec un peu d'attention, un taureau plein d'ardeur, pour désigner la naissance des jeunes veaux; un belier pour marquer le terme où les agneaux abondent, paraîtront ce me semble, des métaphores un peu forcées.

Dans quel esprit, au reste, ce peuple inventeur qui ne serait pas le peuple égyptien aurait-il donc imaginé des signes si peu propres à indiquer des époques curieuses, j'en conviens, mais enfin des époques qui ne sont pas les plus importantes? Lorsqu'on sait cultiver à temps; lorsqu'on connait le moment convenable à la fécondation des mères, n'est-on pas à peu près sûr de moissonner et de voir multiplier ses troupeaux. Ce sont là je pense des circonstances essentielles. Cependant on chercherait en vain, dans le système de l'abbé Pluche, une seule indication de ce genre. On y voit uniquement le peuple, auquel il attribue les douze signes que le soleil parcourt annuellement, occupé à chasser; regarder couler l'eau de ses fleuves grossis par les pluies; voir naître ses agneaux, les petits de ses brebis et ceux de ses chèvres; contempler ses épis qui jaunissent ; s'amuser une fois l'an à mesurer la longueur du jour et tomber enfin malade, probablement d'ennui.

Assurément, j'aimerais mieux l'opinion de M. Dupuis, si cette opinion ne pêchait pas sous un point de vue astronomique qui la ruine de fond en comble ; et si le mouvement si lent de la précession des équinoxes n'eut pas dû changer le pôle de l'équateur en même temps qu'il transportait au tropique qui nous avoisine le signe placé au tropique le plus éloigné. Mais les quarante-sept ou cinquante degrés de la sphère étoilée, qui circulent au pôle méridionale au dessous de l'horizon du lieu le moins élevé en latitude de la Haute-Égypte, n'ont pas été connus par les habitans de celle-ci ; et pourtant, lorsque le capricorne était censé occuper le solstice d'été, le pôle devait être à l'autre extrémité du diamètre d'un cercle de cinquante degrés dont il aurait parcouru la demi-circonférence autour du pôle de l'écliptique. Cette ignorance complète des asterismes du pôle méridionale ne prouve-t-elle pas qu'aucun peuple n'a jamais observé le solstice d'été dans le Capricorne. Mais ce qui pourra paraître extraordinaire, le système de M. Dupuis, quoique démontré impossible, est néanmoins celui qui jusqu'ici a été le plus favorable à l'interprétation des figures zodiacales rapportées à la constitution toute particulière de la haute Égypte où elles paraissent avoir été inventées. Il est vrai que n'étant pas cependant la véritable expression des conceptions égyptiennes il n'est pas non plus à l'abri de toutes objections.

Les objets, comme je l'ai déjà reconnu, sont susceptibles de fournir un nombre presqu'infini d'emblèmes. Mais il en est qui, dans des circonstances déterminées, présentent des rapports plus voisins les uns que les autres et qui doivent nécessairement s'offrir les premiers.

Ainsi, par exemple, l'assentiment unanime a placé le cancer et le capricorne aux points des solstices, parce que le sens de ces deux symboles a paru si clair et si précis, qu'on a jugé qu'ils devaient indiquer les époques les plus remarquables de la course du soleil. M. Dupuis, tout en souscrivant à cette décision générale, croit pouvoir trouver dans ces deux figures des caractères propres à légitimer son opinion sur l'antiquité du zodiaque. Il prétend que ce n'est pas parceque la méthode de paître de la chèvre est de monter en broutant que le capricorne a été choisi comme signe solsticial, mais parce que cet animal se plaît dans les lieux élevés, et qu'ainsi c'est le soltice d'été qu'on a voulu désigner sous cette forme. « Macrobe, dans son explication, dit ce savant, n'a pas « fait attention que le caper a été choisi pour symbole, « non pas précisément parce qu'il monte en broutant, « qualité qui lui est commune avec plusieurs autres « animaux; mais parce c'est sur la cime des rochers les « plus élevés qu'il se plaît à paître, et qu'il n'est point « de quadrupède qui prenne un essor aussi hardi. »

Il est facile de voir que si les Égyptiens n'avaient voulu qu'indiquer la grande élévation du soleil parvenu au plus haut de sa course, ils eussent pu choisir parmi d'autres figures plus expressives. L'aigle, par exemple, était bien plus propre à cette indication. Mais, au surplus, loin d'affaiblir le sentiment de ceux qui placent le capricorne au solstice d'hiver, l'observation de M. Dupuis ne sert au contraire qu'à lui donner plus de solidité. En effet, si le caper a été choisi de préférence à tous les autres animaux qui ont l'habitude de paître en broutant, c'est sans doute, comme le dit fort bien le savant, parce qu'il n'est point de quadrupède qui prenne un essor aussi hardi, et qu'il se plaît sur la cime des rochers les plus élevés. Car on ne saurait mieux, et à si peu de frais, peindre la marche inégale du soleil, indiquer son retour vers les régions supérieures, et, pour ajouter un caractère de plus, faire prévoir l'élévation à laquelle il devait parvenir.

En conséquence de sa première supposition, M. Dupuis place le cancer au solstice d'hiver, lorsque le soleil est sur le point de revenir vers l'hémisphère supérieur. « L'écrevisse, dit-il, fut l'emblême le plus naturel de « cette marche rétrograde, et son image fut tracée dans la « division du zodiaque, où le soleil entrait lorsqu'il ces« sait de fuir et qu'il rapportait la lumière et la vie en « parcourant, en sens contraire, les mêmes degrés de « hauteur qu'il avait parcourus d'abord en descendant « du haut des cieux. »

Le cancer indique donc une marche rétrograde : et ce sont des peuples placés sous le tropique voisin du nord, qui ont imaginé d'exprimer, par la figure d'une écrevisse, que le soleil reculait vers le nord, ou vers leur zénith, après s'en être éloigné quelque tems ; et qu'il reculait en montant, en sorte que, selon les Égyptiens, ou mieux, selon M. Dupuis, le soleil s'avançait en s'éloignant, et reculait en s'approchant du tropique qui passe au-dessus de Sienne, à l'extrémité méridionale de la haute Égypte ; gravissant à reculons, comme l'écrevisse, le rocher élevé au sommet duquel on devait le voir six mois après sous l'image du capricorne.

Le même auteur suppose que le sagittaire indique le temps que les Égyptiens, peuple, suivant lui, très-belliqueux, employaient à porter les armes chez leurs voisins. D'après la situation des douze signes, dans le sytême de ce savant, on sait que le soleil entrant dans le sagittaire, aurait été déjà presque perpendiculaire à l'extrémité de l'Égypte. Or, pour un peuple qui prit tant de précautions pour se garantir de l'ardeur du soleil, c'était prendre assez mal son tems, surtout lorsque, six semaines plus tard, le Nil allait fixer toute son attention et rendre les communications si difficiles. Il me semble d'ailleurs que le taureau, sur lequel est monté l'homme armé de l'arc et de la flèche, n'est pas une monture plus propre à la guerre qu'il ne l'est à la chasse.

Je dois pourtant le dire, M. Dupuis a cru reconnaître dans l'arme qui a fait naître tant d'opinions diverses, le symbole des vents Étésiens qui souflaient, lorsque le Nil commençait à grossir. La Flèche fut effectivement, pour les Égyptiens, un embl ème de la rapidité du mouvement de l'air violemment agité; mais si l'interprétation renferme ici plus de vraisemblance, que dirons-nous de celle du signe précédent qui, sous la forme du scorpion, indique les vents d'Éthiopie, qui causaient les plus grands ravages et apportaient souvent avec eux la contagion, la famine et la mort. M. Dupuis avait oublié, sans doute, que ces deux vents soufflaient à six mois d'intervalle l'un de l'autre; que les vents éthésiens précédaient effectivem ent le débordement du Nil, mais que les vents d'Éthiopie arrivaient lorsqu'il rentrait. On voit, par conséquent, combien ce savant s'est mépris, en plaçant ces deux vents dans deux mois voisins, ou combien son système est encore éloigné de pouvoir s'adapter aux phénomènes les plus connus de la vallée que le Nil arrose et fertilise. Il y a quelque apparence que cette dernière supposition est la mieux fondée, puisque le Scorpion est regardé par tous les savants, par M. Dupuis lui-même, comme le signe des maladies dont l'Égypte est affligée à une certaine époque. Or, cette époque arrivait aussitôt la retraite du fleuve, et M. Dupuis, qui l'a placée à six ou sept mois plus tard, n'a pu trouver ailleurs d'autre emblême d'un fléau aussi important à prévoir, au moins, que pouvait l'être, le moment où la végétation, parvenue à son dernier période, était indiquée par le Lion, dont la couleur fauve imitait celle des épis dorés.

Je pourrais parler également de quelques autres explications moins célèbres, d'une, surtout, dont l'auteur voit, dans le Verseau, l'indication d'une cérémonie religieuse; consacre à Orus et Harpocrate, les Dioscures, qui n'étaient pas connus des Égyptiens; fait récolter les bleds lorsque le Nil ne fait que d'arriver aux derniers degrés de sa plus forte intumescence, etc. Mais tout le monde aura sans doute déjà reconnu l'embarras où se sont trouvés tous ceux qui, plaçant le solstice d'été dans le cancer, ont voulu faire cadrer la marche successive du soleil dans les douze signes, avec les phénomènes et les institutions propres à l'antique Égypte. Obligé de placer, suivant la tradition, le commencement de la crue du Nil, vers le temps du solstice d'été, ils durent nécessairement sentir, que les diverses acceptions les plus généralement assignées à chaque symbole, ne pouvaient plus avoir d'application supportable. En effet, l'épi qu'une jeune femme tient dans sa main, et qui est le symbole le plus naturel pour indiquer le temps de la moisson, placé au mois d'août, au moment de la plus grande élévation des eaux, cet épi n'eût plus de rapport avec la récolte des grains.

Le Taureau, s'il désigne le temps du labourage, ne put indiquer l'époque de ce travail, deux mois avant l'inondation.

La queue du Capricorne, le Verseau, les deux Poissons, trois signes humides, propres à représenter un épanchement quelconque de l'eau du ciel ou des fleuves, ne se rapportentplus à la constitution de la Haute-Egypte, où il ne pleut presque jamais et où le Nil, alors rentré dans son lit, laissait à sec les campagnes couvertes de leur plus riche parure.

De l'examen de ces diverses opinions sur le sens des figures allégoriques du Zodiaque, que les Grecs nous ont laissé? après l'avoir reçu eux-mêmes des Égyptiens, il résulte que l'hypothèse qui offre le plus de vraisemblance, est cependant celle qui s'éloigne le plus de la vérité; puisqu'elle est évidemment exclue par l'importante considération relative à l'ignorance où les anciens sont demeurés à l'égard des constellations du pôle méridionale. Les connaissances ne paraissent pas, au surplus, avoir manqué à ceux qui ont entrepris de résoudre le problème; n'est-il donc pas naturel de penser que la base de tous leurs systèmes doit poser à faux, et que tous ces auteurs ont négligé les instructions que la nature leur donnait, comme elle l'avait fait pour les Égyptiens.

Les savants ont tous imaginé, jusqu'ici, que les phénomènes que les Égyptiens avaient tant d'intérêt de prévoir, arrivaient au moment où le soleil entrait dans la constellation qui renferme leur emblême. Cette proposition suppose une connaissance acquise de ces emblêmes, dont l'observation était impossible au moment où ils disparaissaient sous l'éclat d'une vive lumière.

Les Égyptiens n'ont pu d'abord observer que pendant l'absence du soleil. Ils ont, dans le même temps, groupé les étoiles, formé et nommé les astérismes. Or, dans toutes les circonstances où ils n'ont eu besoin que d'y trouver un avertissement d'époques importantes, qui n'étaient point celles plus ou moins remarquables du cours du soleil, pourquoi eussent-ils pris la peine de faire coincider cette indication avec les divers instants de la marche de cet astre, et calculé le temps précis où il devait occuper le point qu'ils avaient intérêt d'observer?

Est-il vraisemblable qu'ils aient composé les constellations, alors qu'elles étaient visibles, dans l'intention de les prendre ensuite pour indices quand elles ne le seraient plus; lorsqu'ils ont dû trouver plus commode de s'en servir aux époques principales de leur apparition ? Ceux qui se sont occupés de la traduction du thème allégorique, que les anciens ont construit avec ces astérismes, ne sont-ils pas tous convenus qu'on devait y retrouver l'annonce de quelques phénomènes annuels, des travaux agricoles qui leur étaient subordonnés, ou de quelques cérémonies religieuses ? Si les inventeurs ont eu besoin de déterminer les époques où les uns arrivaient, et où les autres devaient s'effectuer, ne durent-ils pas, à cet effet, se contenter de mettre à profit la remarque qu'ils firent bientôt du retour des mêmes étoiles aux mêmes situations? Quelle profonde connaissance ne faudrait-il pas leur prêter, si l'on imaginait qu'ayant assigné des limites aux diverses constellations, ils les avaient revêtues de caractères propres à annoncer l'arrivée de certains météores, de certains accidens naturels, pour le moment où ils auraient prévus que le soleil devait les parcourir.

Quand aux observations qu'ils ont pu faire sur les circonstances principales de la marche du soleil, il n'y a, au contraire, aucune invraisemblance à supposer que, s'ils ont voulu les constater, ils ont dû tenter de les rapporter au temps de son passage vers certains groupes d'étoiles, parce que ces observations durent être bien postérieures aux premières; mais s'ils n'eussent trouvé certains rapports avec le développement des phénomènes qui les occupaient spécialement et les époques les plus frappantes de la course annuel de cet astre, peut-être ces peuples n'eussent-ils reçu que plus tard encore cette première leçon d'astronomie que la nature leur donna. C'est des deux solstices que je parle et je n'admets pas qu'ils aient été, dans le principe, un objet simplement spéculatif, malgré l'attention qu'ils ont pu commander. Ils arrivaient à des époques remarquables et déjà remarquées; ils purent donc servir eux-mêmes aux annotations des viscissitudes annuelles. C'est alors, seulement, que ces viscissitudes purent être rapportées au cours du soleil, qu'on commençait à observer avec plus de soin, mais, toutefois, sans préjudice aux astérismes moniteurs qui se trouvaient déjà en possession des emblêmes propres aux objets qu'ils étaient, depuis longtemps, chargés d'annoncer.

A l'égard du temps le plus convenable et le plus propre à faire servir les constellations au but pour lequel elles avaient été formées, c'était, sans contredit, le soir, au moment du coucher du soleil, lorsqu'elles devenaient visibles, et se levaient à l'horizon, point de départ naturel, qui laissait le moins possible à l'arbitraire.

Les levers du matin purent être également observés, comme aussi les couchers cosmiques qui arrivent en même temps; les Égyptiens s'en servirent en effet : on le verra dans l'explication du monument; mais ils étaient bien plus sûrs de ne point manquer le temps de l'observation du coucher du soleil, que celui qui devait précéder son lever; et comme de deux choses d'une égale utilité, il n'y a pas de raison pour prendre celle qui suit de préférence à celle qui précède, il est vraisemblable que les levers achroniques ou du soir, eurent la préférence, comme ils avaient la priorité. Il y avait, d'ailleurs, à l'égard de ceux-ci, un immense avantage : si l'état de l'atmosphère les dérobait à leur apparition, l'observateur, au moyen de la situation relative d'autres étoiles, qui auraient pu paraître dans le moment et dans une autre partie du ciel; ou même par l'élévation de ces astérismes dans quelque instant de la nuit où le ciel aurait pu devenir serein, l'observateur, dis-je, avec un peu plus de peine seulement, était encore à portée de reconnaître l'instant de leur lever; tandis que le matin, toutes les constellations disparaissant sous l'éclat de la lumière solaire, toute correction devenait impossible. Peut-être n'est-ce que pour obvier à ces inconvénients que les paranatellons furent inventés, et que les constellations extrazodiacales ont des sens analogues à ceux des douze signes.

C'est donc le soir que les Egyptiens durent commencer leurs observations, et c'est le lever achronique des constellations qui dut servir à rappeler les époques les plus importantes de la période annuelle. Ce qui doit nous engager davantage à nous arrêter à cette opinion, c'est qu'en Egypte on avait coutume, comme chez tous les anciens peuples, de compter à partir du coucher du soleil, les heures de la journée, les jours de l'année et les premières divisions de différentes périodes; j'en prends à témoin celui des auteurs qui a le plus d'intérêt de trouver mes raisons peu concluantes.

« On ne doit pas s'étonner que nous fassions commen- » cer le soir une année et une période, puisqu'il est vrai » que les anciens peuples commencèrent à compter par » nuits avant de compter par jours. Les Egyptiens, en- » tre autres, furent dans cet usage, comme il paraît par » Isidor de Séville. » (*Orig. des C.* t. III. p. 348.)

On conçoit que, n'ayant dans le principe que quelques époques à fixer, toutes les constellations ne durent pas se composer à-la-fois. Voilà pourquoi, parmi les douze, quelques-uns paraissent emblématiques, tandis que d'autres ont une constitution allégorique. Il resta quelque temps des lacunes dans les mois, qui n'offraient rien de bien important à remarquer, ce qui donna la faculté de placer le Cancer où se trouvait un de ces espaces vides. A l'égard du Capricorne, la place étant déjà prise, on y joignit le haut du corps de la Chèvre au Poisson qui occupait alors cet endroit.

Les signes emblématiques seulement, et les plus anciens, sont le Capricorne ou plutôt le poisson qui, seul, s'y trouva d'abord; le Verseau, les deux Poissons, le Taureau, l'Épi, peut-être la Balance, la flèche du Sagittaire, et plus tard, le Cancer et le Capricorne.

Les signes allégoriques et les plus récents, sont le Bélier, les Gémeaux, le Scorpion et l'animal du Sagittaire.

L'intervalle qui sépare, à l'orient, le Cancer du Capricorne, ayant été le dernier à se remplir, et les autres signes, à l'exception de l'épi, n'ayant été inventés qu'après le Cancer et le Capricorne, par lesquels commencèrent les observations sur le soleil, on eut l'idée de rapporter les nouveaux signes au moment du lever de l'astre, et l'on établit ainsi une concordance entre les levers héliaques et les levers achroniques. Aussi voit-on que les constellations dont on observait le lever du matin, ont une double attribution; l'un regarde le soleil, l'autre, les phénomènes indiqués par les constellations du soir.

Les anciens astérismes étant liés aux nouveaux, devinrent allégoriques aussi, d'emblématiques qu'ils étaient seulement : c'est-à-dire qu'annonçant isolément, dans le principe, des phénomènes qui revenaient à des époques diversement éloignées, il formèrent ensuite un système complet, par le lien que les nouveaux vinrent établir entre eux.

Quand à l'étendue de chaque symbole, le principe qui dut la déterminer fut vraisemblablement l'intention de marquer les variations qui pouvaient arriver dans les temps de l'arrivée des effets naturels, et d'en exprimer, pour ainsi dire, les plus grandes digressions. On voit effectivement que toutes les figures de la bande zodiacale n'ont pas toutes les mêmes dimensions. Les deux solstices, c'est-à-dire le Cancer et la portion du Capricorne destinés à représenter le solstice, tiennent une très-petite étendue de 14° ou 18° au plus, parce que ces événemens étaient fixes, du moins à l'égard de ces peuples, qui ne pouvaient guère avoir connaissance du mouvement très-lent qui transporte les points solsticiaux d'orient en occident.

Jusqu'ici on a pu croire que je ne me suis occupé que du Zodiaque primitif; cependant tout ce que j'ai dit se rapporte parfaitement à la sphère égyptienne, dont l'identité frappante avec la sphère grecque serait extrêmement facile à démontrer. J'ai cru qu'on pouvait lire tout ce qu'on vient de voir sur la pierre apportée de Denderah ; et si je ne craignais de me laisser entraîner en de trop longues discussions, j'aurais à peine commencé l'exposition de tout ce qu'on y peut découvrir ; mais comme il se pourra faire que cette matière m'occupe encore dans d'autres temps, je ferai grâce aux lecteurs de détails qui pourraient devenir fastidieux. Tout ce qui précède, au reste, doit suffire pour le mettre à même de suppléer ce que je tiens sous silence, pour peu qu'il ait une légère notion des objets que nous examinons.

Je reviens à ces questions importantes : est-ce le jour, est-ce la nuit, est-ce la marche des constellations ou celle du soleil que les Égyptiens ont commencé d'observer ? Les raisons que j'ai données et les preuves que j'ai empruntées à M. Dupuis, sont déjà peut-être assez concluantes pour établir l'affirmative en faveur des levers des constellations, d'abord du soir, ensuite du matin. Mais le monument va nous fournir encore un argument qui servira peut-être à trancher définitivement la difficulté.

Les figures, dans ce tableau, se dirigent d'orient en occident, sans en excepter les constellations zodiacales. Cette disposition a paru extraordinaire à certaines personnes, et à d'autres capricieuse et même fautive. Cependant on ne pouvait mieux indiquer que c'était le cours annuel des constellations, combiné avec le mouvement journalier, qui réglait la suite des observations, et non pas le cours du soleil qui s'effectue en sens contraire, c'est-à-dire d'occident en orient.

Cette marche des figures d'orient en occident, est celle des constellations à leur lever, soit du soir, soit du matin. C'est celle que les Égyptiens ont dû nécessairement observer dans l'origine ; le renversement de cet ordre naturel serait tout aussi extraordinaire que la description du planisphère qu'on avait prétendu reconnaître dans la composition du tableau dont nous nous occupons.

Actuellement que notre base est suffisamment établie, nous entrerons encore dans quelques détails essentiels, sur la nature des attributs que les Égyptiens ont donnés à la plupart de leurs figures. Nous indiquerons les divers éléments et les principes du système allégorique, composant l'ensemble du monument ; et après avoir mis ainsi le lecteur à portée de résoudre le problème lui-même, s'il en avait l'envie, nous entreprendrons cette solution, en nous conformant ponctuellement aux règles fondamentales que nous aurons établies.

On voit fréquemment parmi les divers symboles, qui entrent dans la constitution des sujets égyptiens une fleur que les naturalistes appellent nymphéa lotus. Ce végétal, qui paraît jouer ici un assez grand rôle, était d'autant plus précieux aux habitans de l'Égypte, qu'indépendamment de l'abondante et excellente nourriture qu'il leur fournissait, il offrait dans les vicissitudes de sa végétation un singulier rapport avec celles du débordement du Nil. Il croissait en grand nombre sur les bords du fleuve et surtout dans les canaux qui portent, à droite et à gauche jusqu'aux extrémités de la vallée, le tribut de ses eaux bienfaisantes. La tige du lotus, plongée dans l'onde, supporte une très-belle fleur semblable à celle du pavot, et qui se développant vers le temps de sa crue, « se ferme chaque jour au coucher du soleil et cache son « fruit. Elle s'ouvre ensuite lorsque le soleil reparaît et se « lève au-dessus de l'eau ; ce qui se renouvelle jusqu'à « ce que le fruit soit entièrement fermé et que la fleur « soit tombée.

(Voyez en Égypte, Hist. nat., mém., t. 11., 3e liv., p. 306).

« Il y a deux espèces de nymphéa. Toutes deux épa- « nouissent leurs fleurs à la surface des eaux. Ces plan- « tes croissent à l'époque de l'inondation ; elles se fanent « lorsque les eaux baissent. (Ch 2e, liv., p. 2.).

« Les Égyptiens se nourrissaient non-seulement de la « graine de cette plante, mais aussi de sa racine. Ils pen- « saient que cet aliment, lorsqu'ils avaient quitté la vie « sauvage, leur avait été enseigné par Isis ou Mémès ».

Toutes ces qualités du nymphéa lotus suffisent pour justifier l'emploi que ce peuple a fait dans son langage allégorique, d'une fleur qui pour lui était, en quelque sorte, un gage certain de la fécondité des eaux du Nil, et qui ne paraît avoir rien perdu de ce précieux caractère, si l'on en juge par les noms (à'rays el Nyl) que lui donnent les Égyptiens modernes, et qui signifient les épouses du Nil.

Le dourah, dont les feuilles longues, étroites, légèrement spiroides et courbées horizontalement en arc, comme les feuilles du maïs qui est une espèce de dourah, croît abondamment dans la Haute-Égypte, sous le nom de sorgho; « les habitans le regardent comme le grain le plus

« naturel du pays, et le nomment dourah bélidy ou dou« rah d'Égypte. Son grain est mûr en quatre mois;... la « panicule épaisse qui termine chaque tige le produit « abondamment ; sa fertilité surpasse celle des autres « céréales ». (Hist nat., mém., t. 11, liv. 2, p. 17.)

Un emblème qui se rencontre encore avec profusion, c'est l'épervier dont portent le masque la plupart des personnages qui remplissent le tableau. Il paraît avoir été choisi pour remplir le rôle qu'on attribuait à Syrius. C'est le principal moniteur. C'est lui qu'on retrouve aux cieux, dans la lyre, regardant vers l'occident et sous le nom de *Vultur Cadens*, annonçant par son coucher cosmique (du matin), la fin du solstice d'été et la chute du soleil vers l'hémisphère inférieure. Il annonçait également le soufle des vents du nord nommés éthésiens et le moment de la crue du Nil.

C'est encore lui qui sous les traits de l'Aigle et sous le nom de *Vultur volans*, se levait le matin avec le Capricorne, et marquait le retour du soleil vers l'hémisphère supérieur après le solstice d'hiver. Il est peint les ailes étendues, volant vers l'orient et retournant à la lumière. Il est aussi symbole des vents du midi qui venaient hâter la retraite du Nil, comme le *Vultur Cadens* signifiait le vent du nord qui en accélérait le débordement.

On voit ainsi quel droit il avait pour remplir la fonction principale. Cet oiseau que son vol hardi et ses regards à l'épreuve d'une vive lumière, avaient fait consacrer au soleil ou Osiris dont il était aussi l'emblême. C'est à plus juste titre que devait lui appartenir l'important emploi de donner les avertissements qu'on prétend que Syrius avait été chargé de porter. Aussi le voit-on partout dans le monument égyptien que nous possédons, et n'y rencontre-t-on pas, une seule fois, le moniteur à tête de chien.

On remarque assez souvent encore un disque sur la tête de plusieurs personnages. Ce disque, image frappante de celui du soleil, indique Osiris et le Nil, que le soleil semblait faire croître. Les Égyptiens, dit Plutarque, appelaient le Nil un écoulement d'Osiris.

Il reste quelques autres symboles, mais leur traduction n'exigeant pas un aussi long développement viendra se placer naturellement dans le cours de l'explication générale. Je me bornerai seulement à prévenir que partout où se rencontrera le bâton augural à tête d'épervier, il indiquera une époque particulièrement remarquable. J'ajouterai que la barque représentera le lit du Nil; qu'une station, un repos exprimera un coucher à l'égard des constellations non considérées comme emblèmes, mais pour les figures allégoriques, un repos de quelque nature qu'il soit; par conséquent l'attitude de l'activité désignera un lever pour les constellations considérées comme telles, et seulement un travail ou mouvement quelconque, lorsqu'elles seront envisagées autrement.

Suivant Ammien Marcellin, le Nil commençait à croître lorsque le soleil était parvenu au Cancer, et continuait de s'élever jusqu'à ce que le soleil entrât dans le signe de la Balance, c'est-à-dire pendant l'espace d'environ cent jours. Il décroissait ensuite; et ses eaux s'étant écoulées, on pouvait parcourir à cheval les mêmes campagnes dans lesquelles on naviguait auparavant... De trop grandes inondations étaient, disait-il, aussi nuisibles que des inondations trop faibles. Dans le premier cas, le séjour des eaux était trop prolongé, ce qui ne permettait pas de faire les semailles en tems convenable; dans le second cas, toutes les terres n'étaient pas assez arrosées pour devenir fécondes. La hauteur de seize coudées est le terme de la crue la plus favorable.

(Exp. d'Égyp. Hist. nat. t. II, p. 371, observ. sur la vallée.)

Ici les principales circonstances sont : 1° le commencement de la crue du Nil au solstice d'été ; 2° sa continuation pendant cent jours jusqu'à l'arrivée du soleil dans la Balance ; 3.° l'alternative d'une trop faible ou trop grande inondation.

Suivant Hérodote, le Nil commence à croître au solstice d'été, et continue ainsi durant cent jours ; et ayant crû ce nombre de jours, il se retire et baisse.

Pline (hist. nat., liv. II, ch. LXXXV) dit que c'est après le centième jour que le Nil commence à rentrer dans son lit. La crue est de seize coudées. Lorsqu'il monte moins, il n'arrose pas toutes les terres ; lorsqu'il monte plus haut, il y séjourne trop long-tems et retarde les semailles. L'un et l'autre excès sont à craindre. Il y a disette totale quand le Nil ne monte qu'à douze coudées ; il y a encore disette quand il ne s'élève qu'à treize. La fertilité commence quand la crue est de quatorze coudées ; à quinze, il y a sécurité, abondance lorsque l'accroissement est de seize. Aussitôt que les eaux sont parvenues à une hauteur déterminée, on coupe les digues qui ferment l'entrée des canaux, et à mesure que les eaux abandonnent les terres qu'elles avaient couvertes, on procède à l'ensemencement.

On voit que les historiens s'accordent tous sur le tems de la crue du Nil. Jusqu'ici aucun n'a parlé du terme de l'inondation ; peut-être est-elle soumise à trop de variations. Mais au moins Pline nous fournit des faits nouveaux ; d'abord la rupture des digues, lorsque les eaux ont parvenues à une hauteur convenable ; ensuite les semailles qui commencent aussitôt après la retraite du fleuve. Voici une autre relation plus détaillée, résultat des observations des savans français attachés à l'expédition d'Égypte. Elle a été publiée dans le grand voyage.

« On commence vers le solstice d'été à s'apercevoir de

la crue du Nil; au-dessous de la dernière cataracte, cette crue devient sensible au Caire dans les premiers jours de juillet. »

« Pendant les six ou huit premiers jours, il croît par degrés presqu'insensibles; bientôt son accroissement journalier devient plus rapide : vers le 15 août, il est à peu près arrivé à la moitié de sa plus grande hauteur, qu'il atteint ordinairement du 20 au 30 septembre. Parvenu à cet état, il y reste dans une sorte d'équilibre pendant environ quinze jours, après lesquels ils commence à décroître beaucoup plus lentement qu'il ne s'était accru... Il se trouve au 10 novembre descendu de la moitié de la hauteur à laquelle il s'était élevé; il baisse encore jusqu'au 20 mai de l'année suivante. »

« Lorsque le Nil entre en Égypte au moment de sa crue, ses eaux bourbeuses sont chargées de sable et de limon qui leur donnent une couleur rougeâtre; elles conservent cette couleur pendant la durée du débordement, et ne la perdent que peu-à-peu à mesure qu'elles rentrent dans leur lit, et elles redeviennent enfin parfaitement claires. »

(Hist. nat. Obs. sur la vallée du Nil. t. II liv. 3, l. 350).

« Les eaux ne doivent couvrir le sol que pendant un certain temps, afin que les travaux de l'agriculture puissent se faire dans la saison convenable. »

« La crainte de la stérilité à laquelle l'Égypte serait condamnée, si le Nil ne s'élevait pas assez pour entrer dans les canaux qui en sont dérivés, et les espérances qu'il fait naître quand il parvient à une hauteur suffisante, fournissent, comme on voit, l'explication des fêtes et des réjouissances annuelles, dont la rupture des digues qui ferment les canaux est généralement l'occasion. » (*Ibid.* ch. 356.)

Si l'on reporte à douze ou quinze jours plus haut chacune

des époques importantes qui sont ici décrites, on aura l'histoire des principales phases du débordement du Nil, pour la partie de la Haute-Égypte où se trouvaient les monumens qui font l'objet de nos recherches.

Au Caire, qui se trouve à l'entrée du Delta et à l'extrémité septentrionale de la Haute-Égypte, la crue ne se faisait remarquer que dans les premiers jours de juillet, tandis qu'elle était sensible à Sienne, à Tentyris, à Esné, vers le temps du solstice, peu de temps après que les pluies avaient commencé en Abyssinie.

La plus grande hauteur du fleuve arrivera, pour les lieux désignés, vers les premiers jours de septembre, époque où les pluies cessent ou vont cesser; l'espèce d'équilibre où il se maintient aura lieu pendant les quinze jours suivants.

Parvenu dans sa retraite à la moitié de sa hauteur, vers la fin d'octobre, il sera rentré dans son lit vers le milieu de novembre à peu près, et les semailles commenceront comme l'observe l'abbé Pluche dans son histoire du ciel.

« Dans l'Égypte, on se contente en novembre de jeter « le blé sur le limon que le Nil a laissé dans les plaines, « et de le couvrir, en y traçant un sillon sans profondeur « avec une charrue très-légère. »

A l'exception d'une circonstance, qui est la lenteur de la retraite des eaux pendant tout le temps du décours, tous les autres points de la notice qui précède sont exprimés, pour ainsi dire, mot à mot, dans le tableau ou calendrier du temple de Denderah; et cette petite différence s'explique d'ailleurs, si l'on fait attention que la partie inférieure du fleuve recevant toutes les eaux qui rentraient dans la partie supérieure, et le lit étant beaucoup plus incliné au-dessous des cataractes que dans le Delta, la retraite du Nil devait être, à cela près, plus prompte dans la Haute-Egypte qu'au-dessous du Caire et au Caire même.

Après un espace de vingt-sept ou vingt-huit siècles, le cours de la nature ne paraît pas avoir changé en Égypte; et cette terre, autrefois fertilisées par les eaux bienfaisantes de son merveilleux fleuve, pourraît l'être encore de la même manière, si l'on voulait se contenter seulement d'observer à la lettre les instructions exprimées dans le bas-relief que nous allons examiner.

Afin de suivre le même ordre que celui que j'ai reconnu dans la succession des connaissances des inventeurs de notre Zodiaque, je commencerai par passer en revue la série de leurs constellations dont le lever du soir arrivait avec les phénomènes intéressants que nous venons de décrire. Ainsi, la dernière moitié du Capricorne, par son lever achronique, annoncera le commencement de la crue du fleuve. Cette époque importante est désignée avec soin par un homme à tête d'épervier. Ce personnage est armé du bâton augural qu'il tient perpendiculairement sur la section de l'animal amphibie. Au-dessous, dans la troisième série (1), vêtu d'une robe blanche qui commence au-dessous du sein, comme la portaient les prêtres Égyptiens dans leurs grandes fêtes, un autre gypsocéphale (du vautour) se fait suivre par un petit Bélier orné du disque, symbole d'Osyris, et des feuilles de dourah, signe de la fertilité. Derrière est un homme (2) à tête d'ibis avec le bouton de Lotus et les feuilles du dourah. Ces deux figures sont, pour ainsi dire, l'alpha et l'omega; la première qui ramène en triomphe Osiris, ou le Nil, aux premiers jours du solstice, fait concevoir aux joyeux Égyptiens l'espoir d'une abondante récolte, et le second fait prévoir le terme le plus opportun d'une inondation commencée sous d'aussi heureux hospices; car l'ibis qui doit arriver avec les vents d'Éthiopie, à la rentrée du Nil, trouvera une ample pâture dans le limon qu'il doit purger, et une victoire glorieuse dans sa lutte contre les nombreux serpents qui, repus des autres reptiles et des insectes de la fange, auraient eux-mêmes fini par désoler l'Egypte.

Peu de temps après le commencement de la crue, le fleuve se débordait et épanchait ses eaux avec profusion de son urne, comme l'homme du Verseau de ses deux vases. Le peuple reconnaissant, pour célébrer cette époque principe légitime de son espoir désigné par le bouton du lotus de l'homme du Verseau, offrait au Nil des sacrifices figurés par le grand médaillon placé au-dessous (3) de lui. Alors les eaux du fleuve se troublaient, la précieuse goutte de lait qui venait de tomber du ciel, sous la forme du cygne (4) de la voie lactée, faisait naître une fermentation salutaire attendue avec impatience, et sauvait le malheureux Osiris de l'humiliante mutilation que lui préparait Oxiringe, le funeste brochet qu'on remarque sous les eaux du Verseau et qui ne se plait que dans les eaux transparentes. La multiplicité de ce redoutable ennemi, à cette époque, pronostiquait aux Égyptiens la pénurie du limon générateur et la stérilité des eaux. De telles circonstances valaient bien la peine d'être célébrées.

Bientôt le fleuve s'arrête; l'homme à double face qui suit le verseau vient l'annoncer, si j'en juge par son bâton augural; il regarde en avant et en arrière avant de retourner sur ses pas; il est dans la plus grande vigueur et plein des principes fécondants comme le Bélier (5) qu'il a sous ses pieds : le Bélier consacré à Osiris Amun, garant de l'abondance, en offre le gage sous le symbole des feuilles du dourah, dont il aime à se parer la tête. Attentive à mériter les bontés de ce dieu protecteur (*aproco* protéger, défendre), l'Égypte, sous la figure d'Isis (a) lui offre un porc dont le sacrifice est prescrit par l'homme à la tête du chacal (6) qu'Isis a sous ses pieds. Le Chacal, symbole lugubre, se fait toujours remarquer dans les cérémonies funèbres; son naturel carnassier, et l'habitude qu'il a de profaner les dépouilles des morts justifient suffisamment la fonction qu'il a reçue d'annoncer le trépas.

L'Égypte va devenir une vaste mer, *pisces ambulantes* (comme dit M. R. Raigue) *ultra citroque redientes incident reciproce.* Les canaux vont s'ouvrir; mais, avant, la sagesse qui veille à la prospérité des peuples, pour ne rien laisser à l'arbitraire et à la fraude dans le travail qui va s'opérer, dispersera dans tous les nomes des pigeons (7) chargés de porter la nouvelle et les ordres pour l'ouverture des canaux. On voit déjà les derniers s'enfler dans l'ingénieux emblême des têtes de Belier (8) accouplées et surmontées du signe pronostic de l'abondance. Bientôt leurs digues rompues laissent un libre cours à l'eau qui se répand de proche en proche jusqu'aux extrêmités de la vallée. Tout est alors confondu; l'Égypte est recouverte par ce grand lac représenté dans le carré des Poissons. On ne peut plus distingner ni le Nil ni ses canaux; le fleuve est comme un homme privé de sa tête et de ses bras (9). Mais sa tranquillité rassure l'Égyptien sur cet horrible attentat de Tiphon; l'abondance, représentée par les deux feuilles du dourah, sera le prix que son martyre doit mériter à ses heureux sujets. Sa rare prudence, au reste, ne les abandonne pas. Ses membres sont dispersés mais son œil veille sur eux (entre les Poissons et le Bélier). L'Égypte fidèle en célèbre la fête à l'équinoxe d'automne, en portant au haut d'un bâton cet œil, organe de la sollicitude de son roi.

Cependant, semblable au Bélier céleste, le Nil est

retourné ; comme lui il couvre encore la terre de son corps, mais sa retraite vient d'être annoncée par un homme, ou plutôt un monstre à tête d'hippopotame, armé (b) du bâton augural et placé près du nœud du lien qui retient les Poissons. Ce monstre est l'Hippopotame céleste, c'est la Baleine qui, ployant dans ses pattes le cours du fleuve d'Orion, l'oblige à retourner sur ses pas. C'est là ce monstre énorme qu'on voit au centre du tableau, tenant dans ses pattes l'instrument qui doit trancher la violence de l'inondation. Autrefois, simple habitant du Nil, mais l'un des plus remarquables à cause de sa stature, il annonçait aux Égyptiens, par ses fréquentes sorties du fleuve, que les eaux parviendraient à la hauteur requise pour arroser les terres : tel fut le bienfait qui lui mérita l'apothéose. Ils le placèrent aux cieux et comme par son lever du soir avec le Bélier, au moment du coucher achronique de la Balance, il annonçait l'une des circonstances les plus importantes du débordement du Nil, il fut quelquefois pris pour le fleuve lui-même. Ses pattes montaient à l'horizon avec la queue du Bélier et avec la Chèvre ; et la Chèvre annonçait aussi l'abaissement des eaux. Au moment de leur ascension simultanée, l'Aigle venait de dépasser le Méridien et tombait déjà vers l'horison occidental où il devait se coucher quelques heures après. C'est par l'association de ces trois animaux que les Égyptiens avaient désigné le moment qui devait justifier ou leurs espérances ou leurs inquiétudes. Le lever de la dernière partie de l'hippopotame qui monte à reculons était déjà suffisamment indiqué par le grand animal qui tient l'instrument tranchant, et par le personnage qui en porte le masque sous les pattes de derrière du Bélier (l'opposition de la Baleine sous la forme du monstre, avec le Bouvier et la Balance est assez parlante). Dans la crainte d'oublier des détails intéressants, on peignit le Nil sous les traits du monstre accroupi pour désigner la lenteur de sa retraite; mais afin qu'on ne put s'y méprendre, derrière lui, la Chèvre se redresse sur ses pattes. Ces deux astérismes se levant ensemble, l'indication du lever de l'un était l'annonce du lever de l'autre; ainsi l'attitude calme et paisible de l'animal amphibie ne pouvait plus indiquer un coucher, mais la tranquillité avec laquelle les eaux commençaient à se retirer.

Cette heureuse époque était si importante à prévoir, que les auteurs du tableau allégorique n'ont pas cru pouvoir assez en multiplier les indices. Le monstre (l'hippopotame) qui, dans la nature n'a qu'une queue très-courte, porte ici une longue queue dont le sculpteur a exprimé l'hétérogénéité en la ciselant comme une pièce de rapport dont on apperçoit très-distinctement la jonction, à une assez grande distance au-dessus de l'os sacrum. Cette queue est sans doute la queue du Bélier qui selève en même-temps que la Chèvre et les pattes de la Baleine; elle fut vraisemblablement imaginée pour lever l'incertitude que pouvait causer l'attitude de la figure Tiphonienne et pour préciser la situation du groupe trinitaire que sa représentation dans le centre rendait difficile à déterminer : en effet, cette queue qui, à sa longueur près, est une queue de Bélier, se prolonge et se dirrige entre ce dernier et les Poissons, vers le nœud ou l'angle des deux traits qui les retiennent. Ce nœud, qui se levait aussi au moment de la retraite du Nil, a été conservé dans la sphère grecque, près de la tête de la Baleine.

Le personnage armé du bâton augural, et dont le masque est celui de l'hippopotame, est revêtu d'une longue robe qui le recouvre en entier, comme les eaux du Nil recouvraient encore alors les terres de la vallée. Sous ses pieds un Gypsocéphale (10), attire l'attention vers un Orus accroupi sur une fleur de lotus épanouie (11). Toutes les espérances les plus flatteuses semblent s'être ouvertes avec cette merveilleuse fleur, gage certain de la fécondité des eaux, et la couche du limon, qui sera sans doute suffisamment épaisse, permettra d'employer la charrue, de tracer un sillon léger et mettre par conséquent à couvert le grain qui pourra y germer sans obstacles, pourvu que le laboureur, docile aux avis de ses moniteurs, soit attentif à saisir l'instant favorable qu'il faut encore attendre dans le silence et le recueillement prescrits par Orus, dont le doigt pose sur sa bouche.

(c) La tête d'Isis ne tarde pas à paraître; Isis, cette heureuse épouse du Nil, la terre d'Égypte, est représentée sous le même Bélier, vêtue d'une longue robe qui lui couvre encore le reste du corps. Elle porte un bâton augural comme le précédent, pour marquer l'importance de cette phase.

La terre des bords des canaux plus élevés que ceux du Nil, commence aussi à paraître (12); les canaux sont encore gonflés; on le devine aisément dans l'emblème des quatre *Ubœus* debouts sur une pierre quadrangulaire.

Alors, on voit s'élancer vers le nord, Osiris, empruntant les attributs du Bœuf ou du Taureau céleste. Ses cornes en croissant, tournées vers l'occident, annoncent le dernier instant de son décours. Il est tourmenté des principes fécondants qu'il va déposer. La tête du Nil (13) est rentrée dans son lit. Cette tête d'Ammon, droite sur un long col dans un bateau, ne l'annonce-t-elle pas avec la fertilité dont elle porte les signes? Les terres de la Haute-Égypte vont s'offrir aux travaux du laboureur. Mais hélas! Isis nue, agenouillée et gémissant sous les reptiles (14) qui la désolent, se voit forcée d'implorer le secours humiliant du Porc immonde (15), dont la voracité doit la délivrer d'une partie des dégoûtants objets qui corrompent le limon jusqu'à ce qu'il l'ait retourné et pétri avec le sable, l'Égyptien attendra dans l'inaction (16 et 17). Mais aussitôt que celui-ci verra paraître les pieds de derrière d'Osiris métamorphosé et revêtu de la forme du Bœuf, on le verra, le bâton augural d'une main (*d*) et la charrue de l'autre, se hâter d'aller exploiter la terre que le Nil a tout-à-fait abandonnée, et que l'Ibis vient d'achever de purger par sa victoire sur les serpens. Toutefois gardons-nous d'embrasser trop légèrement une croyance populaire ; n'exagérons pas les services que cet oiseau rendait à la contrée qu'il aimait à revoir tous les ans avec le vent d'Éthiopie. Le serpent le plus redoutable sur lequel il remporta une victoire éclatante, c'était le serpent symbolique qu'on verra sous les pieds du Lion ; c'était le Nil que le souffle du vent du midi précipitait tout entier dans son lit et obligeait à s'y replier sur lui-même comme on le voit (18) sur cette base parallélogramme. Quant à cet Ibis vainqueur couronné d'attributs d'ovation, est-il nécessaire de le nommer, lorsque l'oiseau qui suit l'homme à la charrue (*d*) le représente si bien sous l'emblème de la huppe ?

Le laboureur, parvenu au comble de ses vœux, voit le plus haut degré de fertilité, d'abondance et de salubrité dans le symbole qui orne la tête de l'Ibis serpent. Le Lotus et le Dourah, signes déjà connus, présageant la fécondité de la nouvelle terre et l'abondance qui résultera de sa culture, sont unis à la Vipère, pour laquelle les Égyptiens avaient la plus grande vénération. Les prêtres et les rois en entouraient leurs bonnets ; ils la nourrissaient avec soin dans leurs temples et la regardaient comme l'emblème de *Cneph* la bonté, de la sagesse, de la santé. Parmi les savants qui ont recherché le principe de ce culte tout particulier qu'on rendait à ce reptile, M. De Paw, auteur des recherches philosophiques sur les Égyptiens et les Chinois, est celui qui propose l'hypothèse la plus ingénieuse. Le peuple habitant de la vallée du Nil était exposé à une foule de maladies au nombre desquelles était l'éléphantiase qui faisait d'horribles ravages. Ce savant suppose que les prêtres égyptiens, si attentifs à faire observer le régime diététique sévère qu'ils avaient étudié avec un soin tout particulier, prescrivaient à cette époque l'emploi de médicaments préparés avec la chair de vipère, dont ils auraient reconnu la salutaire influence dans la cure des maladies de la peau. Il appuie son sentiment de la connaissance qu'avait eue de ce remède Gallien, qui avait fait un long séjour en Égypte, et disait avec Arétée de Cappadoce, que le moyen de se guérir de l'éléphantiase « sans l'opération du fer rouge, est de manger des bouil« lons et de la chair de vipère. » Il cite également M. Chaw, qui dans la relation de son voyage en Abissinie, rapporte qu'on lui avait dit que plus de quarante mille personnes au-dessus du Caire, se nourrissaient de vipères et même de serpens.

A ce triple symbole (18) si clair, l'Égyptien qui craignait d'omettre une seule circonstance intéressante, voulait en joindre une autre propre à indiquer les lieux les plus favorables à la culture : il y a un homme placé au-dessus de la croupe du Taureau, comme le personnage armé du bâton et de la charrue l'est au-dessous. Celui-là porte un instrument difficile à reconnaître en entier, mais qui est surmonté des deux feuilles du dourah. La tête du même personnage est ornée de deux feuilles de palmier. Or le palmier est un arbre dont la culture était une des plus importantes occupations des Égyptiens. Un peu de fraîcheur est nécessaire à sa prospérité. Il se plaît le mieux auprès des bords des fleuves et des ruisseaux. Les Égyptiens l'avaient aisément reconnu; et ils n'avaient pas manqué de profiter de cette expérience. Ils couvraient de palmiers les bords du Nil et ceux de ses canaux. Aussi les feuilles de cet arbre précieux désignent ici ses rives ou leur voisinage. La représentation du dourah au moment des semailles indique que c'était dans ces lieux qu'il devait profiter, et beaucoup plus que dans des terres qui, trop éloignées et bientôt brûlées, n'eussent pas été assez humectées par les infiltrations qui n'auraient pu y parvenir.

Pour mettre la dernière main à cette partie du tableau, parachever l'instruction détaillée qu'il renferme, et donner en quelque sorte un démenti à ceux qui se sont récriés sur l'immoralité et la grossièreté des mœurs égyptiennes, le moment où les semences livrées à la terre ne tarderont pas à être fécondées dans son sein, le sculpteur l'a représenté par l'union des deux jeunes époux qui figurent aux Gémeaux. On voit une jeune fille dont la démarche peu assurée et la contenance timide expliquent la vivacité et l'attitude décidée quoique indécente du jeune homme qui l'entraîne après lui.

Ainsi se trouvent remplies toutes les conditions du problème. Le travail des semailles termine cette période au mois de novembre, comme l'abbé Pluche l'avait rapporté Trois mois après, le lever achronique de l'épi de la Vierge viendra réaliser les justes espérances qu'une heureuse inondation avait fait concevoir; et, comme dit le savant que je viens de citer, vers le mois de mars tout sera engrangé dans la Haute-Égypte.

Tel est le sens que présente la succession des levers des constellations du soir. Nous allons le retrouver tout entier dans la succession des levers du matin sous des formes différentes, et peut-être un peu moins poétiques, mais formant néanmoins un tout aussi complet.

Sous la femme des Gémeaux, on voit un Vautour (*e*)

4.

stationnaire sur une haute colonne. C'est le *Vultur Cadens* dont le coucher cosmique ou du matin annonçait la fin du solstice et précédait le commencement de la crue du Nil, indiquée par une Isis sous la forme d'une vache couchée dans une barque. L'addition de la colonne n'était pas inutile; on aurait pu confondre le *Vultur Cadens* avec le *Vultur Volans*, qui venait de se coucher peu de temps avant. Il était donc nécessaire d'indiquer l'élévation du premier. Cet emblème, rapporté d'ailleurs au soleil, exprimait encore parfaitement sa hauteur solsticiale au Cancer physique, dont le 14e degré était alors à l'horizon oriental. Je dis le Cancer physique pour le distinguer du Cancer mathématique, qui a 30°, tandis que la figure n'avait entre les étoiles les plus extrêmes que 18° au plus.

Après cet emblème, on voit couchée dans une barque une Vache (*f*), portant une croix suspendue au col par un collier. C'est Isis renfermée dans un cercueil qui représente une Vache (Orig. des C. p. 432 t. 3), et qui fait croître le Nil comme l'indique la croix, dont le nom vient de la racine *cré*, qui veut dire croître. Au-dessus de sa tête, est un Gypsocéphale; il est armé du bâton augural, indicateur d'une époque importante, spécifiée par le disque entre les deux cornes que le personnage porte sur sa tête. Ce disque, c'est Osiris ou le Nil, dont la crue est annoncée par le croissant formé des deux cornes d'Isis. Cette Isis (*f*) est couchée, pour indiquer la lenteur des premiers degrés de l'intumescence. Elle est dans une barque, pour désigner le lit d'où le fleuve n'est pas encore sorti.

Au-dessous de ces deux premiers symboles, sont deux Gypsocéphales (19 et 20), destinés à fixer l'attention sur cette première phase du gonflement des eaux. Après eux viennent deux personnages, dont la tête et surmontée d'un attribut où l'on distingue un bouton de lotus, dans une enveloppe que je ne saurais définir (peut-être est-ce l'indice du premier développement de la fleur, lorsque le bouton commence à poindre et à se dégager de ses écailles, pour signifier l'espoir naissant que le commencement du débordement inspire).

Le Lion paraît ensuite : le serpent qu'il a sous les pieds soulève sa tête comme le Nil, qui bientôt se renverse avec la petite figure assise sur le dos du Lion. Cette nouvelle époque coïncide avec celle du coucher de la constellation de la Flèche, que tient, sur la corde tendue d'une arc, une jeune femme debout, les jambes réunies. Au-dessous de cette dernière, un personnage vêtu d'une longue robe, et portant sur sa tête deux feuilles de palmier, indique clairement que le fleuve a déjà dépassé ses rivages.

Après la Flèche, et sous le quartier de derrière du Lion, une femme assise tient de chaque main un canope surmonté d'une croix, annonçant la violence du débordement. Un moniteur ou Gypsocéphale, placé au-dessous, appelle l'attention sur cette troisième phase.

Après la femme aux deux canopes, une autre femme (i) assise tient dans une main une petite figure, et fait de l'autre main un geste qui semble exprimer l'émotion. C'est Isis qui vient de retrouver son fils Orus au temps où la crue du Nil, parvenue à son plus haut période, est indiquée par la femme montée sur la queue du Lion. Cette femme qui tient ici la place de la Coupe, c'est cette malheureuse victime exposée à la fureur d'un monstre marin, prêt à la dévorer; c'est Andromède qui se couchait alors le matin après le lever de la Coupe. Celle-ci dont le nom dans la plupart des langues orientales était *crater*, que les Grecs ont traduit par Κρατερός, *robore potens*, avait été choisie, suivant Orus Apollon, pour être avec le Lion l'emblème du débordement du Nil. La jeune femme qui la remplace, en indiquant par son attitude stationnaire et son élévation le coucher d'une constellation du nord (Andromède), manifestait encore la force prodigieuse de la fin du débordement et de cette queue du Lion qui la soutenait. Cette circonstance, d'autant plus importante qu'elle légitimait les espérances de l'Égyptien, est spécialement distinguée par un moniteur armé comme à l'ordinaire du bâton augural, et placé au-dessus de la femme qui représente la Coupe. Une étoile que ce personnage porte sur sa tête correspond visiblement à une autre étoile placée entre les cornes d'Isis (f); l'une annonçait la fin de la crue, dont l'autre marquait le commencement. Deux étoiles semblables sont placées dans une même situation relative sur deux figures de la période vespertinale : l'une est au-dessus du Moniteur, montée sur le Capricorne; l'autre sur la tête de l'homme à deux faces, chargé d'annoncer la même phase que la Coupe désignait. Le Pigeon qui doit porter la nouvelle de l'état du Nil alors, est placé sous la queue du Lion, presque sous les pieds de la femme qui est montée dessus. L'ouverture des canaux allait bientôt s'effectuer, mais avec un ordre qui devait prévenir le dommage irréparable que pouvait occasioner l'intérêt particulier par une dérivation abstraire et frauduleuse. C'est pour régulariser cette importante opération qu'on envoyait, au moyen des pigeons, des instructions que, dans chaque nome, on devait observer avec le plus grand scrupule.

Le petit Orus qu'on voit entre les mains d'une femme, était, comme on sait, fils d'Isis et d'Osiris, et représentait l'abondance. Il avait été nourri par le Bootès qu'on voit derrière le trône de sa mère, et qui, dans le ciel, était placé à côté de la Vierge ou l'Isis d'Ératosthène (Orig. des Cult.). « Tous les auteurs ecclésiastiques nous parlent

« des fêtes lugubres instituées par Isis à l'occasion de la « perte de son fils, et des chants de joie qui leur succé« daient aussitôt qu'elle l'avait retrouvé. Ces fêtes res« semblaient assez à celles que la même Vierge céleste, « appellée Cérès, avait instituées à l'occasion de la « perte de sa fille. »

(Orig. des C. t. 3 p. 75.).

Orus a ordinairement un Lion sous son trône.

Les justes espérances que cette intéressante époque permettait de concevoir sont décrites ici par les deux personnages, qui (25 et 26), placés sous Isis (i) et son fils, ont la tête décorée, l'un du lotus et du dourah, l'autre du disque, du dourah et du serpent, se partageant ainsi tous les signes des résultats de la plus favorable inondation.

Presqu'au-dessous de la Vierge qui porte l'épi, mais un peu en arrière, on voit le Bootès armé de la charrue égyptienne (j); ce n'était point alors, quoi qu'on ait pu dire, le moment de labourer la terre, et moins encore de récolter; car le Nil, qui couvrait les campagnes, arrivait à son plus haut degré d'élévation. Aussi la Vierge qui, par son lever du soir, est là pour indiquer le temps de la moisson, n'est ici qu'une concordance de l'emblème précédent. Chargée d'annoncer au laboureur de la vallée la prospérité à laquelle il peut s'attendre, elle indique par son rapport avec le Bouvier (j), placé au-dessous, que le Nil, rentré en temps opportun, doit déposer une couche assez épaisse de son précieux limon, et que le laboureur intelligent pourra se servir de la charrue, tracer le léger sillon, et mettre ainsi le grain à l'abri des nombreux accidents auxquels il est exposé, lorsqu'il est seulement permis de le jeter sur la terre, aux temps où les dépôts peu abondants du fleuve, ou bien la retraite tardive de ce dernier s'opposent à l'exécution de tous les travaux agricoles les plus importans.

Le même Bouvier, qui suit la Vierge, et qui est seulement muni du bâton augural, fixe l'époque définitive du dernier période de l'intumescence ; celle-ci est exprimée, en petits caractères, par l'Épervier, ou Osiris, ou le Nil, qui surmonte au-dessus du bâton augural la vache Isis ou la crue du fleuve. Le lever héliaque du Bouvier céleste avait lieu dans le même temps. La tête de bœuf que les Égyptiens lui donnaient avait rapport à son voisinage avec la Vierge ; elle indiquait à quelle époque se faisait le labourage, pour que la récolte pût avoir lieu avec le lever de l'épi. C'était encore un moyen de faire comprendre que les observations du soir, ayant été interrompues au temps du labourage, on les reprenait pour un instant à l'époque de la moisson.

L'accroissement du Nil arrivé à son terme, ses eaux se maintenaient en équilibre pendant les quinze jours du lever héliaque de la Balance physique ; celle-ci n'avait que 14 ou 15° dans l'origine, comme on le voit encore sur toutes les sphères un peu exactes. La station, l'équilibre des eaux, étaient représentés sous ce symbole, beaucoup plus naturellement que l'équilibre des jours et des nuits, circonstance d'une moindre importance, et qui d'ailleurs n'arrivait pas dans ce signe, lorsque le solstice était au milieu du Cancer, comme paraît le prouver la concordance des objets que nous interprétons, le colure des équinoxes devant alors couper l'écliptique vers les pieds de la Vierge, et dépasser le bassin le plus occidental de plusieurs degrés.

Je veux, au reste, que les astronomes aient rencontré juste, et que la Balance ait été le signe d'un partage égal entre le jour et les ténèbres ; je veux même fournir à ceux-ci une réponse à l'objection qui leur a été faite, que ce symbole convenait à l'une comme à l'autre équinoxe : il était inconcevable qu'un signe semblable manquât à l'un des deux. Les Égyptiens, qui observaient le soir et le matin, auraient pu faire servir cet astérisme aux deux époques, en observant celle du printemps au commencement de la nuit, qui jusqu'alors l'avait emporté sur le jour, et observant celle de l'automne le jour par une raison absolument contraire. Mais encore est-il très-vrai que le lever du matin de la Balance concordait avec l'époque de l'équilibre des eaux du Nil. Le milieu de cette station, pour mettre l'Égyptien à l'abri de l'inquiétude de voir son espoir déçu, devait arriver au moment où le milieu du fléau de la Balance monterait héliaquement à l'horizon, lors du coucher cosmique de Cassiopée (Cassiob, le terme de l'inondation), la femme du trône, ou Isis assise dans un cercle sur un trône à pieds de lion ; celle-ci appelle Osiris et le convie de la main d'arriver jusqu'à elle, afin de secourir son fils Orus, et lui ménager la victoire sur la mort dont le menace un Chacal, qu'on voit au-dessus du cercle qui renferme la mère, et au-dessous du trône sur lequel Orus est assis.

Si je ne craignais de fatiguer le lecteur par mes fréquentes digressions, je lui ferais remarquer que la Balance, qui sert ici d'indice par son lever du matin, est également, dans les levers du soir, un emblème qui convenait aux circonstances. Elle se lève après la Vierge et la moisson ; c'était seulement alors que le peuple avait le plus de loisir et de facilité pour faire le commerce et échanger ses denrées contre celles qui lui manquaient. « Chez eux (les Égyptiens), dit Hérodote, les femmes » vont sur la place et s'occupent du commerce, tandis » que les hommes, renfermés dans leurs maisons, tra» vaillent à la toile » (*Hérod.* l. II, *trad. de Larcher* p. 29.)

On voit que le geste appellatif de la femme qui accompagne la Balance, quelquefois représentée entre les mains d'une femme, cadre encore ici avec mon interprétation. Les observations du soir devant recommencer avec la Vierge, c'est un motif de plus de supposer que le moment du commerce avait été indiqué comme les autres opérations annuelles dont il égalait l'importance.

Je reviens aux observations du matin : sous la Balance, on voit un (K) Lion assis et dressé sur les pattes de devant, qu'il pose sur un grand parallélogramme rempli d'eau, image de la situation de l'Égypte, qui offrait alors l'aspect d'un grand lac après la rupture des digues. La tête du Lion est sous le bassin occidental, et sa croupe sous le bassin oriental. L'animal qui, par son assiette, indique celle du fleuve, tourne cependant la tête d'un air menaçant; une petite figure (1) dont le bas du corps est celui d'un lion, la queue celle d'un scorpion, et le reste du corps celui d'un homme, témoigne, par un geste très-expressif, la crainte de voir revenir le Lion sur elle. Le motif de ses terreurs est la stérilité qui ne manquerait pas d'en résulter et qui est exprimée par un Moniteur à tête d'épervier (29), surmontée d'un disque dépouillé de tous les signes de fécondité et de prospérité. La queue du Scorpion exprime la malignité d'une inondation trop longtemps prolongée; et le personnage (28) placé devant le n° (29), un peu en arrière, au-dessous de la croupe du Lion (k), par son attribut, qui est, je crois, un bouton de lotus commençant à poindre et n'étant pas encore dégagé de ses écailles, annonce l'anxiété où cette époque doit jeter le laboureur, dont l'espérance peut encore avorter avec le bouton.

Mais si la retraite du Nil s'effectue dans le courant du lever héliaque du Scorpion et du commencement de celui du Sagittaire, alors tous les vœux seront comblés;

la santé, la fertilité, l'abondance, toute espèce de prospérité enfin, seront le partage de l'heureux Égyptien. La barque ou le lit du fleuve qui couvre tout le corps du Scorpion, avec une partie de la tête du Sagittaire, indique le temps opportun où le Nil peut rentrer. L'importance de cette époque, impatiemment désirée, est indiquée par le bâton du Moniteur assis dans la barque ; la tête de ce personnage est surmontée du disque traversé de la vipère, l'un des plus heureux indices.

Sous la tête du Scorpion, qui correspond au bâton augural du moniteur précédent, on voit un Harpocrate (30) dont la tête est ornée d'une fleur de lotus; il est armé de la charrue égyptienne et du crochet; il permettra donc de concevoir l'espérance de la fécondité du fleuve, s'il est aussi lent dans sa retraite que peut l'être un homme privé d'une jambe, et si la tête du Nil, entièrement dépouillée des indices de sa crue passée, se montre vers le milieu du Scorpion comme cette tête de bélier (31) sans cornes, élevée sur un autel et ornée du disque, joint aux feuilles du Dourah.

Si par malheur Osiris était mis au tombeau avant le lever total de la queue meurtrière du Scorpion, comme l'hippopotame accroupi dans la barque (32) le fait alors appréhender, l'homme à tête de chacal, placé derrière (33), annonçait avec le précédent emblème, privé comme lui de tout attribut de prospérité, que la mort attend l'Égyptien, accablé de la misère et des maux que le Chamsin, le vent d'Ethiopie, surprenant et désolant la terre nue, ne manquera pas d'amener avec lui.

Cependant, les plus grands désastres touchent souvent de près les plus grands biens. Le fleuve peut n'achever sa rentrée que sous les pieds de devant du Sagittaire ; et dans ce cas, tout ce que peut désirer l'homme raisonnable, doit être le prix des travaux agricoles qui vont commencer avec le lever de la croupe du Taureau appartenant au Sagittaire. L'une des deux têtes de ce monstre, celle d'hippopotame, qui est la plus orientale, annonce le terme de l'heureuse période de l'inondation; et la fleur du lotus qui la couronne, indique les principes de la fertilité que le sol a déposés, et qui ne seront pas dispersés par le vent du midi, puisqu'il cesse alors ou ne doit durer que peu de temps encore. Le personnage (34) qu'on voit sous les pieds de devant du Sagittaire, offre la réunion de tous les dons d'Osiris, dans l'assemblage de tous leurs symboles.

Une seule inquiétude subsiste encore; le vent d'Éthiopie, qui n'a point d'effet funeste lorsque son souffle se borne à agiter les flots qui couvrent encore la terre, devient le plus désastreux lorsqu'il trouve les campagnes découvertes; car il les abime sous des tourbillons d'un sable rouge, subtil et brûlant; il n'étend pas alors sa malignité seulement sur les animaux; il fait ressentir encore son influence aux végétaux qu'il dessèche et qu'il fait périr. Les Égyptiens ont exprimé leurs craintes à cet égard par l'aile du Sagittaire, et la queue du Scorpion qui, distillant un venin mortel, corromprait les germes de la fécondité que le Nil vient de déposer sur le sol, et les rendrait absolument stériles, comme l'annonce le personnage dont la tête (36) est un disque sans aucun attribut, et sur lequel un autre personnage, (35) à tête d'épervier, appelle l'attention.

Quelle que soit, au reste, l'issue de cette lutte du bon et du mauvais génie, afin de recueillir plus sûrement et avec plus d'équité les tributs que chacun doit payer à l'état, un officier, muni de l'étalon royal, parcourait les provinces, aidait chaque particulier à retrouver les limites de son champ, que le Nil avait pu confondre avec ceux du voisinage, et réglait, d'après les produits présumés, la cote suivant laquelle il devait être imposé. On voit cet officier coiffé à la manière des prêtres de l'ordre desquels il était tiré; il est en marche au-dessus de la croupe du Sagittaire, ayant en main l'instrument auquel devaient se rapporter toutes les mesures en usage.

On a dû voir que cette nouvelle concordance des levers et couchers du matin, avec les mêmes phases de l'inondation, était comme une espèce de parallèle avec les levers du soir. Seulement, comme celle-là dut avoir une origine postérieure, elle renferme plus de détails et montre les anomalies auxquelles pouvaient être assujettis, diverses circonstances de la retraite du fleuve et les résultats heureux ou malheureux qu'elles pouvaient entraîner avec elles. On peut appeler simplement optative, la période qui a rapport aux levers achroniques, et spéculative, celle qui se rattache aux levers héliaques et couchers cosmiques.

Le commencement et la fin de chacun de ces deux corps d'observations sont indiqués par des hiéroglyphes placés dans la bande circulaire où se trouvent les têtes d'Isis et d'Osiris qui supportent le médaillon.

Sous le Capricorne, on voit une bande presque verticale, chargée d'hiéroglyphes, et qui, se dirigeant vers le lieu de la jonction du Caper au Poisson, marque le commencement du débordement rapporté aux levers du soir. Dans la même bande circulaire, on voit, sous le Taureau et dans la direction des pieds de derrière de cet animal, un autre signe qui ressemble à un bouton de lotus enchassé dans un instrument d'une forme particulière. Le bouton de lotus, placé vers le point de la rentrée du Nil, marque la fin de cette période rapportée aux observations du soir.

On remarque deux autres signes analogues et correspondant de la même manière, l'un au commencement de la crue qui devait arriver quelque temps après le coucher cosmique, ou du matin, du *Vultur Cadens*; l'autre à la première apparition du lit du fleuve, lors du lever héliaque du milieu du Scorpion. Le premier, qui est semblable au premier des deux précédents symboles, se dirige vers la tête de la figure d'Isis métamorphosée en vache. L'autre est placé sous le milieu du Scorpion et sous l'autel qui supporte une tête de bélier sans cornes; c'est une feuille de palmier, élevée par un support, sur le milieu d'une pièce qui ressemble au comble d'un tombeau; les derniers instants de la retraite du Nil offrant, comme on l'a vu, des irrégularités assez nombreuses, qui empêchaient d'en marquer définitivement le terme avec précision, on se contenta de marquer le point où la tête du Nil est rentrée dans son lit, circonstance clairement représentée par l'union de deux emblèmes, dont l'un signifie les rives du fleuve, l'autre son lit ou le tombeau d'Osiris. Je m'abstiendrai de rapporter toutes les opinions extraordinaires que ces quatre signes ont fait naître, pour ne point parler d'une, entre autres, qui les décompose et les dénature, afin d'y trouver forcément l'indice des équinoxes et des solstices. Les savants méritent quelques égards, et toutes les fois que mes sujets ne paraitront pas l'exiger, je ne me permettrai point d'observations qui ne seront point indispensables.

Il reste encore, au centre du tableau, trois autres groupes dont nous n'avons pas fait mention. L'un est un petit Bélier couché sur le quartier de derrière d'un Bœuf; il offre la réunion des deux époques qui renfermaient toutes les espérances du laboureur, puisque c'était sous le Bélier que le Nil commençait sa retraite, et sous les pieds de derrière du Bœuf qu'il opérait sa rentrée. Cette union des signes de deux circonstances éloignées, mais importantes, n'est pas une chose absolument rare : on le voit à l'article du Bouvier rapproché de la Vierge comme pour réunir les deux extrêmes d'une suite de faits essentiels, dépendant nécessairement les uns des autres. On a vu un semblable rapprochement dans la description des levers du soir; le personnage (2) à tête d'Ibis, qui représente la fin du débordement, se trouve auprès de celui (1) qui en annonce le commencement. Si la répétition de ces emblèmes, et les nombreux détails qui peignent si bien jusqu'aux moindres particularités, avaient pour but de les rendre plus intelligibles, comme cela paraît assez vraisemblable, on aurait eu bien tort de supposer jusqu'ici que les prêtres Égyptiens avaient grand soin de cacher leur science aux yeux du vulgaire, et d'imaginer surtout que le prétendu voile qu'ils avaient jeté sur leurs compositions allégoriques, était plutôt une preuve de leur ignorance et de la grossièreté de leurs mœurs; car c'est injurier gratuituitement un peuple qui ne paraît pas avoir affecté une prétention ridicule, plus naturelle aux corporations qui, dépositaires avouées de certaines doctrines et de certaines connaissances, cherchent à exercer un monopole qui leur échapperait avec la considération qu'il leur attire, si elles n'affectaient un peu d'obscurité, au moins pour le plus grand nombre. Les prêtres Égyptiens n'ont fait que conserver, après l'invention de l'écriture cursive, une écriture plus expressive et plus énergique en pareil cas. Tout ce qu'on peut objecter, quant à la difficulté de sa traduction, c'est qu'à la longue, l'écriture littérale, moins propre qu'elle au développement et au perfectionnement de l'imagination, dut lui faire perdre de sa simplicité, de sa justesse et de sa beauté.

Un second groupe qu'on observe au-dessus du Verseau, correspond visiblement au médaillon des sacrifices (3); il offre, en quelque sorte, une répétition du précédent, ou mieux, une espèce de justification, en montrant la substitution des animaux aux victimes humaines.

Le troisième groupe est un Chacal monté sur une charrue égyptienne : c'est l'indication des cérémonies funèbres qui avaient lieu immédiatement après la rentrée du Nil et avant le labourage. Dans le Zodiaque, en bandes rectangulaires, qui est encore attaché au portique du temple de Denderah, ce même groupe est placé entre le Scorpion et le Sagittaire; dans le Zodiaque circulaire, on voit sous le même intervalle, dans la troisième série, un homme à tête de chacal (33), derrière l'Hippopotame (32), animal qui figure aussi dans les représentations des funérailles. Les Égyptiens, forcés de conserver dans leurs demeures les corps de leurs parens morts durant l'inondation, avaient enfin trouvé l'art des embaumements qui préservaient ces restes respectables d'une dissolution totale, et les mettaient eux-mêmes à couvert des ravages de la putridité. Les cérémonies où l'on portait en pompe, dans des cavernes creusées dans les rochers, les momies conservées dans chaque famille, avaient lieu durant le lever achronique du Bœuf, dont le nom égyptien, *Bou*, en grec βȣς, signifiait tombeau, comme *Boutoï* signifiaient les lieux où se trouvaient ces tombeaux.

Tout ce que nous venons de dire touchant la nature du monument égyptien, a dû faire naître l'idée qu'il ne pouvait guère servir à déterminer avec beaucoup d'exactitude l'époque précise de sa construction. On se flatterait en vain de trouver parmi les nombreux emblèmes qu'il renferme des preuves suffisantes qu'il dût être exécuté dans le temps où son système allégorique représentait l'état actuel du ciel, et qu'il n'a pu l'être quelques siècles plus tard, après son invention. Au reste, c'est là le point le moins important à discuter; l'essentiel est de pouvoir remonter à la date de l'origine des figures, ou au moins à l'époque où leur corrélation fut définitivement établie et décidée. Mais j'en appelle aux savants, dont les opinions sont si partagées sur cet objet: cette détermination elle-même ne laisse pas de présenter beaucoup d'incertitude.

Malgré le mérite éminent de l'auteur de l'Origine des Cultes, on peut, toute présomption et prévention mises à part, prononcer hardiment que son sentiment sur le Zodiaque primitif est tout-à-fait dénué de fondement, puisqu'il ne saurait tenir contre l'objection relative à l'ignorance où les Égyptiens, de même que les autres peuples, sont demeurés sur l'existence des constellations du pôle méridional.

Le mieux sera donc de rétablir les solstices dans leur ordre le plus naturel, ou simplement le plus vraisemblable, et de nous rapprocher des notions simples et faciles que l'interprétation nous a servi à développer. Or, il est évident qu'en prenant la résolution de ramener les solstices aux vrais points où ils ont pu être observés primitivement, nous acceptons la condition implicite d'avoir égard à la constitution emblématique de chacune des figures. C'est une nécessité, puisque l'emploi que nous sommes contraints de faire de leurs noms, nous en impose absolument la loi.

Dès qu'il ne s'agit plus que de se décider pour les signes qui paraissent les plus propres à désigner les deux instants où le soleil, après avoir obtenu ses deux plus grandes déclinaisons, était sur le point de reprendre sa marche, en parcourant en sens contraire, non le même chemin, mais les mêmes degrés d'élévation, nous ne pouvons refuser le secours d'une tradition respectable.

Elle vient nous aider à sortir du vague où pourrait nous jeter la connaissance de la précession des équinoxes.

Au moyen du bas-relief dont nous venons d'offrir la traduction, nous avons acquis, pour ainsi dire, la certitude que l'autorité dont nous venons de parler n'est pas sans aucune consistance, et que le solstice d'été, auprès duquel se trouvait le commencement du cataclisme du Nil, devait être situé dans le Cancer, ainsi que Macrobe l'avait annoncé le premier.

Par une autre tradition non moins importante, nous avons appris que dans la sphère qu'Eudoxe rapporta d'Égypte quatre cent trente ans avant notre ère, le colure des solstices passait par le milieu du Cancer et du Capricorne; nous sommes par conséquent suffisamment autorisés à le placer à notre tour dans quelque endroit de ces constellations. Il s'élève sans doute une prévention naturelle qui doit nous engager à les faire répondre au milieu des signes, dès que nous supposons qu'ils n'ont été inventés que pour constater les observations des deux circonstances les plus frappantes de la marche annuelle apparente du soleil. Mais, si nous nous en tenons à cette hypothèse, nous devons faire quelques observations dont l'objet, quoique d'une assez grande importance, a paru échapper jusqu'ici. Les mathématiciens qui ont également admis la supposition précédente, se sont exercés après cela sur des données tout-à-fait arbitraires.

L'étendue des figures du Zodiaque n'est pas, à beaucoup près, partout uniforme, comme celle des signes, qu'on a confondus avec elles. Les signes ont une origine beaucoup plus moderne, et sont une conception d'astronomie pure. Les figures auxquelles ils ont succédé sont encore conservées dans nos sphères, avec des dimensions sensiblement différentes; celles du Zodiaque égyptien les ont dans une telle proportion, que l'une, le Lion, a plus de soixante degrés de longueur; elle s'étend en effet jusqu'au Corbeau, qui, dans nos sphères, correspond vers les cuisses de la Vierge, un peu au-dessus de l'Épi. Le Lion de la sphère d'Eudoxe n'a que 38 à 40° ; mais la Vierge en a 48, tandis que, dans le tableau agronomique, cette constellation occupe seulement une très-petite étendue, réservée, selon toute apparence, à l'étoile α appelée l'Épi.

Le Cancer est très-petit dans le Zodiaque égyptien, et n'a, dans la sphère grecque, depuis l'étoile κ jusqu'à celle marquée x, que 18 ou 19° au plus. Si l'on adopte cette dernière mesure, le colure des solstices, passant au milieu, ira rencontrer les premières étoiles de la tête du Capricorne vers 4 ou 5°, ce qui s'accorde admirablement avec la construction du monument égyptien, qui semble montrer que le lieu où le mouvement du soleil en déclinaison cessait d'être sensible se trouvait, dans les dernières du Sagittaire, celui des signes que le sculpteur a gravé le plus bas. Le même monument en offre une nouvelle confirmation dans l'attitude expressive du Capricorne : l'animal est couché, mais son col tendu, sa tête dressée en avant, et sa patte aussi tendue et courbée en dedans vers le tarse, indiquent visiblement qu'il fait des efforts pour se relever. On peut, à cette occasion, comparer l'attitude du Bélier, qui est couché également, avec celle du Capricorne, que le sculpteur a si bien distinguée. On observera la différence que l'Égyptien, habile dans l'art d'exécuter de pareils dessins, n'a pas manqué de faire sentir en donnant à la patte du Bélier la mollesse et l'abandon qui convenaient à sa permanence dans un repos qu'il ne cherche pas à interrompre.

On se rappelle ce que j'ai dit au sujet du Capricorne, qui se trouvant inventé après le signe du commencement de l'inondation, fut obligé de partager une place déjà occupée, tandis que le signe de l'autre solstice trouva un espace vide, où il put se caser aisément. On concevra donc sans peine pourquoi les Égyptiens, ayant placé au milieu du signe d'été le point précis du solstice, se contentèrent de représenter le solstice d'hiver dans la tête de l'animal ajouté au Poisson, qui fut en partie dépossédé.

On peut trouver encore une preuve de la situation du solstice vers le 4 ou 5° du Capricorne; car on sait que généralement la crue du Nil ne devenait sensible que huit ou dix jours après le solstice. Si l'on compare le point où l'union du corps de la Chèvre à celui du Poisson est indiqué par un Moniteur armé du bâton augural, avec le même point d'intersection conservé dans la sphère grecque, on verra qu'il correspond au 13° ou 14° principalement dans l'atlas si estimé de Flamsteed, et qu'il se trouve ainsi à la distance de dix jours, en temps moyen, de la section solsticiale.

Il est encore possible de déterminer ce point important d'une autre manière. Les dénominations de *Vultur Volans* donnée à l'Aigle, et de *Vultur Cadens* donnée au Vautour, ou la Lyre, paraissent trop claires pour qu'il soit nécessaire d'en raisonner longuement l'interprétation. Le *Vultur Volans*, par son lever héliaque, indiquait le moment où, après le solstice d'hiver, le soleil, figuré par l'Aigle, allait reprendre son vol vers les régions supérieures. Il se dirige vers l'orient, en fixant ses regards vers l'astre qui se lève, pour indiquer que le jour va reprendre son empire. Il achevait son lever héliaque, lorsque le 19° du Sagittaire (le colure étant supposé au 9° du Cancer) entrait dans l'horizon oriental, ce qui, à cause de la situation relative de l'Aigle, qui monte avec l'équateur, auprès duquel il se trouve placé, suppose que le soleil était au 4° ou 5° du Capricorne.

A l'égard du *Vultur Cadens*, sa situation au nord semble indiquer qu'il se rapporte à celui des deux solstices qui est dans l'hémisphère septentrional. Il se laisse tomber les ailes pliées, et regarde le couchant, pour montrer que la longueur des nuits va succéder à celle des jours. Son coucher cosmique, qu'on avait choisi pour indiquer aussi le moment de la retraite du Nil, arrivait le matin, lorsque s'achevait le lever héliaque du dernier des Gémaux, et le lever cosmique du 14e du Cancer, qui montait avec le soleil à l'horizon, cinq jours après le solstice, au moment où la déclinaison commencait à devenir sensible.

On sera peut-être surpris de voir que le *Vultur Volans* indiquait le retour du soleil plutôt que le *Vultur Cadens* n'indiquait sa retraite. Mais on doit faire attention que le soleil, au Cancer, passait au zénith de la Haute-Égypte, et que la hauteur de l'astre se mesurait par la longueur des ombres. Le commencement de sa dépression au solstice d'été était donc beaucoup moins sensible que celui de son exaltation au solstice d'hiver.

Il ne nous reste plus qu'un point à éclaircir ; nous avons essayé de rapporter l'indication du commencement de la crue du Nil, au temps où elle arrivait, pour en déduire l'époque du solstice. Or, dans le bas relief-égyptien, la colonne sur laquelle est monté le *Vultur Cadens* est sous la femme des Gémeaux, et l'annonce de la crue du Nil précède le Cancer. Cette disposition semblerait assigner au Zodiaque une origine plus moderne. Mais il faut considérer que c'était aux levers héliaques que les Égyptiens fixaient leurs époques, et que le lever indiqué ici par le couché cosmique du *Vultur* est, comme nous l'avons vu, le lever héliaque du dernier des Gémeaux. De sorte que l'indication de la croissance du Nil, placé derrière cette colonne, correspondait aux étoiles qui se levaient héliaquement lorsque le soleil était dans les dernières du Cancer primitif, ou dans les premières du Lion. Ce qui explique pourquoi le Lion, destiné à représenter le débordement du Nil, a été sculpté ouvrant la marche et le premier à la tête de la spirale sur laquelle sont disposés les autres signes.

En dernière analyse, le colure des solstices passait donc, à l'époque de la composition du Zodiaque, au milieu du Cancer primitif, c'est-à-dire à la fin du 9e degré, et par le 5e du Capricorne. Depuis long-temps il a quitté ce lieu, et maintenant il se trouve à 37° de distance. Il s'est donc passé 2646 ans depuis cette époque, en comptant pour un degré 71,52 ans. C'est donc à l'an 824 avant Jésus-Christ qu'il faut reporter la date de l'origine du Zodiaque.

FIN.

ERRATA.

Page 43, ligne 24, au lieu du mot *du*, *lisez*, γυψ.
Page 44, dernière ligne, au lieu de *aproco*, *lisez*, αμυνειν.

DE L'IMPRIMERIE DE P. DUPONT.

ZODIAQUE DE DENDRA.

Normand fils sc.

1 Le Lion. 2 La Vierge. 3 La Balance. 4 Le Scorpion. 5 Le Sagitaire. 6 Le Capricorne. 7 Le Verseau. 8 Les Poissons.
9 Le Bélier. 10 Le Taureau. 11 Les Gémeaux. 12 Le Cancer.

www.ingramcontent.com/pod-product-compliance
Lightning Source LLC
LaVergne TN
LVHW050426160826
845677LV00002BA/564